Application Modes and Practices of Historical Building Information Model

U0232254

国家自然科学基金项目（编号：51478102）资助出版

历史建筑信息模型的模态与实践

方立新　王琳琳◎编著

知识产权出版社
全国百佳图书出版单位

图书在版编目（CIP）数据

历史建筑信息模型的模态与实践/方立新，王琳琳编著. —北京：知识产权出版社，2019.6

ISBN 978-7-5130-6019-6

Ⅰ.①历… Ⅱ.①方…②王… Ⅲ.①古建筑—模型（建筑）—研究—中国—民国 Ⅳ.①TU-092.2②TU205

中国版本图书馆 CIP 数据核字（2019）第 001595 号

内容提要

本书分析和讨论了历史建筑信息模型 HBIM 在建筑遗产保护领域的应用价值，对 HBIM 的概念、定义和限定范围作了针对性的探讨，介绍了历史建筑信息模型的创建流程和相关主流软件的应用框架，系统探讨了 BIM 模型和建筑历史数据的叠加模式和应用模态。书中也以既有建筑加固族为例详细描述了历史建筑相关修缮专用族和族库的创建过程，同时结合部分近代历史建筑的修缮加固项目实例探讨了建筑三维 BIM 模型集成相关建筑文档、图纸、照片等多源数字化档案文件的历史建筑 HBIM 应用场景，并初步探索了 Web 环境下历史建筑信息模型的信息索引架构和信息增值途径。

本书可供历史建筑保护领域的研究者、工程技术人员以及建筑相关专业师生参考。

责任编辑：张雪梅　　　　　　　　　　责任印制：刘译文

封面设计：张　冀

历史建筑信息模型的模态与实践

LI SHI JIAN ZHU XIN XI MO XING DE MO TAI YU SHI JIAN

方立新　王琳琳　编著

出版发行：知识产权出版社 有限责任公司	网　址：http://www.ipph.cn
	http://www.laichushu.com
电　话：010-82004826	
社　址：北京市海淀区气象路 50 号院	邮　编：100081
责编电话：010-82000860 转 8171	责编邮箱：410746564@qq.com
发行电话：010-82000860 转 8101	发行传真：010-82000893
印　刷：三河市国英印务有限公司	经　销：各大网上书店、新华书店及相关专业书店
开　本：720mm×1000mm　1/16	印　张：12
版　次：2019 年 6 月第 1 版	印　次：2019 年 6 月第 1 次印刷
字　数：192 千字	定　价：88.00 元
ISBN 978-7-5130-6019-6	

前　　言

　　建筑信息模型（BIM）的创建对于新建筑来说很容易，可以从零开始，在一张白纸上精确地列出需要创建的一切，但是如果创建一个历史保护建筑的 BIM 模型，则难度上升，有可能遇到不小的挑战，这其中包括对历史建筑实体的建模转换，即如何将建筑物数据捕获并转换为 BIM 对象，以及如何将建筑生命周期中不同阶段的 BIM 信息重置与更新，以处理既有建筑中隐藏的不确定数据、对象和其在 BIM 中的空间关系。由于需要从模糊的不完全数据中推断信息，识别历史建筑已知和未知的元素，历史建筑信息模型 HBIM（Historical Building Information Model）在行业内距广泛应用尚有较大距离。

　　当前的三维激光扫描技术帮助 HBIM 在历史建筑建模上取得了一些突破，这是一个典型的可区分新旧建筑信息模型不同创建特征的应用场景。不过即使如此，HBIM 作业流程相比新建建筑仍然有很多的复杂要素需要控制，如三维激光扫描代替不了内部的结构检测鉴定，后者仍然是各 HBIM 团队控制相对薄弱的环节。历史建筑中原始图纸缺失是常态，而结构检测大多基于离散样本点的概率模型统计，实践中的数据可靠性与理论上的相差巨大，可以说现有的结构检测技术远不适应 HBIM 的作业需求。事实上，对建筑暴露形体三维扫描数据的智能化转换是国内外 HBIM 的探索热点，技术层面比结构检测要先进很多。然而，有限智能条件下转换的 BIM 模型也有不尽如人意之处，如对历史建筑残损件的记录，其扫描点云是原封不动地载入 BIM 模型还是补全残损、剔除变形后再按传统营建法式或规则创建 Revit 族类，不同的 HBIM 定位目标会带来不同的思考切入角度，未来期望能在 HBIM 架构中对 BIM 构件作参数驱动，根据材料退化的力学规律演绎其时间进程下的物理变形和属性变异，进一步提升 HBIM 针对历史建筑保护的决策功能。

　　本书中所讨论的历史建筑信息模型的所谓模态，实际上是对 HBIM 的应用框架和适用模式的探讨分析。目前为止，历史建筑 HBIM 信息模型尚无成熟的标准化应用模板和固定的应用架构，需要在实践中不断摸索。本书结合数十例民国建筑 BIM 模型的创建过程，基于相关建模工作讨论了历史建筑 BIM 应用的诸多可能性，尝试在建筑遗产保护过程中将 BIM 工具转化落地为可生成由各种主题和历史信息、几何信息、结构信息、保护或恢复状态等各类异构信息组成的数据收集器。本质上，HBIM 需要实现三维模型完全互操作性和丰富的信息内容交互，以更有效地管理建筑遗产。单一的 BIM 模型并不能构成 HBIM 的完整框架，有些素材不应该在 HBIM 中被忽略，如历史建筑各时期的历史图片，其蕴含的丰富信息很难通过 BIM 模型对表皮的渲染来等代表达。BIM 模型可能会取代二维图纸，但 HBIM 不应试图理解为单纯以"H"限定下的特定 BIM 模型，HBIM 中应该有容纳传统建筑图档的空间，因此从这个角度，所谓的 HBIM 更应该是"HBIM+"模式，BIM 模型整合传统的建筑图档构成历史建筑生命周期的时间轴导线。本书的一部分工作即试图拓展这样的"HBIM+"架构并进行若干测试，其中也包括了在 Web 界面下的尝试，虽然已有初步成果，但距离最终目标还有很大的提升空间。

本书的出版得到了国家自然科学基金（项目编号 51478102）的支持，在此表示衷心的感谢！本书第 1～4 章由王琳琳撰写，其余章节由方立新撰写。张颖和丁晓丽在第 5 章部分内容的撰写中做了一部分工作，杜吉顺、张龙、张颖、丁晓丽、王明池、康琦等研究生参与了书中相关 BIM 模型的创建工作，张思琦同学参与了最终文稿的部分文字修订工作，在此一并表示感谢！

限于笔者水平和写作时间，书中不足之处在所难免，欢迎读者批评指正。

目　　录

第 1 章
HBIM——历史建筑信息模型概述

1.1 建筑信息模型 BIM

BIM 既可以是 Building Information Modeling 的缩写，也可以是 Building Information Model 的缩写，前者表示一种工作方法和工作过程，而后者只表示一种工作成果或产品。建筑行业通常所说的 BIM 习惯指代的是 Building Information Modeling 方法和过程，这个过程意味着将建筑模型赋予可视化的全数据附带而形成多维建筑信息的集成模型。

美国国家 BIM 标准（NBIMS）对 BIM 的定义由三部分组成：BIM 是一个设施（建设项目）物理和功能特性的数字表达；BIM 是一个共享的知识资源，是一个分享有关这个设施的信息，为该设施从建设到拆除的全生命周期中的所有决策提供可靠依据的过程；在项目的不同阶段，不同利益相关方通过在 BIM 中插入、提取、更新和修改信息，以支持和反映其各自职责的协同作业。

上述定义从 BIM 设计过程的资源、行为、交付三个基本维度描述了 BIM 实施的具体方法和实践内容。它不是简单地将数字信息进行集成，而是一种数字信息的应用，并可以用于设计、建造、管理的数字化方法。这种方法支持建筑工程的集成管理环境，可以使建筑工程在其整个进程中显著提高效率，大幅降低信息冲突和丢失的风险。

本质上，BIM 就是由数字技术支撑的建筑生命周期管理：由完全充足的信息构成，用于支持生命周期管理，并可由数字媒介直接解释的工程信息模型。国际标准组织设施信息委员会（IFC）给出的 BIM 定义是：BIM 是在开放的工业标准下对建筑物的物理特性、功能特性及其相关的项目全生命周期信息的可计算特性的形式表现，因此它能够为决策提供更好的支持，以便于更好地实现项目的价值。BIM 将所有的相关信息集成在一个连贯有序的数据库中，在得到许可的情况下通过相应的计算机应用软件可以获取、修改或增加数据。BIM 集成了建筑工程项目各种相关信息的工程数据模型，是对工程项目设施实体和功能特性的数字化表达（图 1.1）。实体模型内不仅有三维几何形状信息，还包含了大量的非几何形状信息，如建筑构件的材料、重量、价格及施工进度等，因而可用于模拟真实世界的行为。BIM 的应用贯穿整个项目全生命周期的各个阶段，包括规划、设计、施工和运营管理。

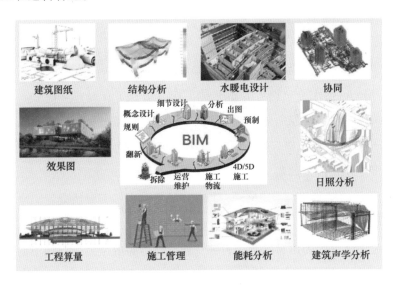

图 1.1　BIM 模型的应用场景

BIM 应用于设计、施工领域，就是利用创建好的 BIM 模型提升设计质量，减少设计错误，获取、分析工程量和成本数据，并为施工建造全过程提供技术支撑，为项目参建各方提供基于 BIM 的协同平台，有效提升协同效率。BIM 能够将工程项目在全生命周期中各个不同阶段的工程信息、过程和资源集成在一个模型中，方便工程各参与方使用。通过三维数字技术模拟建筑物的真实信息，为工程设计和施工提供相互协调、内部一致的信息模型，使该模型达到设计施工一体化，各专业协同工作，进行三维浏览、碰撞检测、管线综合、虚拟建造、设备安装、算量造价、出施工图等应用，从而降低工程成本，保障工程按时按质完成，确保建筑在全生命周期中安全、高效、低成本，并且具备责任可追溯性。

图 1.2 显示的是 BIM 三维设计范例，使用 BIM 设计方法，无论处在设计的

哪个阶段，都工作在同一个三维模型上，平面设计的 2D CAD 图形可以直接转成 3D 模型，3D 模型也可以直接用于渲染。方案设计通过后，可以直接用 3D 模型继续深化设计，最后从 3D 模型上提取施工图文件所需的图形和图表。

图 1.2　BIM 三维数字设计模式

图 1.3 则表达了 BIM 在施工阶段的应用，其优势主要体现在 BIM 提供了可视化展示的施工管理平台，将施工工序及工艺模拟予以所见即所得的可视化表达，通过分析场地布置与施工进度之间、各种施工设施之间、材料供给与需求之间等诸多复杂的依存关系，将 BIM 模型和施工进度计划链接起来，可实现 BIM 模型与进度软件之间的双向数据交流和反馈、施工进度模拟、施工成本管理。通过将 BIM 模型与施工进度计划关联，对场地状况进行 4D 动态模拟和 4D 施工管理，形象地反映了施工过程中施工现场状况及各项数据的变化，而基于时间轴对日期、工序的选择更可直观地展示当日、当前工序进展情况及工程量变化情况。

图 1.3　BIM 的虚拟建造模式

很多学者认为上述场景仅仅是所谓的 BIM 1.0 应用阶段，应用特点是局部的、阶段性的、离散的、碎片化的，是以设计建模为主、以常规性的应用为辅的工作模式，即 BIM 1.0 在完成参数化设计建模之后仅提供了专业的有限应用。未来更大的应用场景应该面向 BIM 2.0 阶段，该阶段的 BIM 创建的是所谓更为完备的信息模型，其目标是以应用为主而以建模为辅，这是 BIM 设计以建模为主、以应用为辅传统模式之外的功能拓展，也意味着 BIM 应用的下一波发展，即更系统地承担全生命周期的信息中枢作用，任何专业都可以借助 BIM 这个数据库和信息中枢拓展本专业的探索范围[1]。

1.2　HBIM 的定义

HBIM 相比 BIM 多了字母 H，英文也可以代表两种意思，即 Heritage Building Information Model 或者 Historical Building Information Model。不论是哪个 HBIM，都符合 BIM 2.0"拓宽 BIM 应用范围、提升 BIM 应用价值"的拓展方向。

M. Murphy 和 E. Mc Govern[2]首次在国际上提出了 Historic Building Information Modelling 的概念，即所谓历史建筑信息模型 HBIM。图 1.4 是 M. Murphy 给出的历史建筑结构和环境下的 HBIM 工作方法和工作过程，包括了几个阶段：激光图像数据的收集和整理，根据建筑范式从相关资料中辨别历史细节，创建参数化的历史建筑构件。

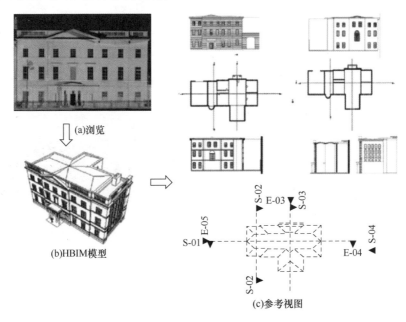

图 1.4　HBIM 工作流程示意图

国内天津大学学者吴葱将 HBIM 定义为一种信息索引框架模型，认为 HBIM 不应仅仅是点云数据的模型映射，创建 BIM 模型并不是历史建筑信息模型的目的，数据作为建筑历史信息的参考索引才是根本[3]。这是一个更为全面、准确的关于 HBIM 定义的描述。

事实上欧美等学术界和工程界对 HBIM 的定义也在不断修正，如 2016 年 Paul Tice 给出的说明[4]："HBIM is a term used to create information models for historic structures，emphasizing the intricacies of the way in which the building was constructed inside and out." 显然，这与 Murphy 最初的定义有所不同，BIM 不再局限于对文字和照片的补充，也同样暗示了 HBIM 中 BIM 是系统的灵魂与信息统领者，与吴葱的观点相近。

虽然当前没有公认统一的 HBIM 定义，但实践可以帮助我们从另一个维度理解 HBIM 在文化遗产保护设计、施工、运营维护过程中的模态。以下三个团队公开发表的 HBIM 实践成果具有一定的代表性。

1. 香港屋宇署

香港屋宇署主持的历史建筑活化计划相当成功，其将三维照片测量技术和 BIM 技术相结合，构成历史信息模型 HBIM，把 "H" 所代表的历史建筑物的大数据放在模型里面管理维护，有助于更好地保存历史建筑物的原貌，从而更好地传承这些古建文物。典型项目如 2013 年 11 月完成的何东夫人医局的历史数字信息模型，因为创新性地应用了 BIM 技术（图 1.5），相关修缮活动获得了广泛赞誉[5]。

图 1.5　香港何东夫人医局的 HBIM 模型

2. 上海现代设计集团

上海现代设计集团主持了上海思南路旧房改造项目（图 1.6）。在思南路古建筑群改造项目中，上海现代设计集团通过多次尝试总结出一套结合多维技术解决旧房改造疑难问题的全过程解决方案，即三维扫描＋BIM＋虚拟现实＋GIS，极大地提高了工作效率和工程质量。

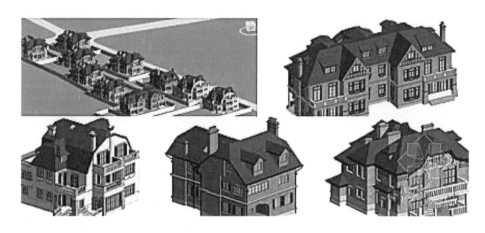

图 1.6　上海思南路旧房改造项目 HBIM 模型

上海现代设计集团思南路旧房改造项目为历史建筑保护与设计改造提出了崭新的思路和解决方案，通过三维激光测绘、点云数据处理、BIM 平台修复模型，老建筑的原始数据得到完整的采集、存储，并重建了建筑模型。重建后的 BIM 现状模型为改造设计提供了扎实的数据参照，真正做到了保护性设计，同时为后期虚拟漫游提供了原始素材，保持了数据链的完整性[6]。

3. 清华大学建筑设计研究院

该团队将 BIM 技术应用于文化遗产保护设计、施工、运营、维护各阶段，充分体现了 BIM 在参数化设计方法上的优势，探索了 HBIM 应用技术。该团队自 2009 年开始尝试将 Revit 等软件应用于文化遗产保护项目设计的不同阶段（图 1.7），总结了 BIM 工程设计的合理流程，包括标准样板文件的设计、三维信息模型的建立、根据模型形成工程图纸、概算工程量清单的汇总、工程验收后根据洽商设计变更内容、深化模型形成竣工图纸等连贯环节[7]。

从上述实际应用可见，实践中的 HBIM 应用模态是相当灵活的，相关团队已形成了结合自身特点的 HBIM 应用模式，并未简单固化于三维扫描激光的点云关联化处理等狭隘的作业模式中，因此这样的 HBIM 成果有很好的示范作用。

2012	烟台山德式楼修缮工程	工程阶段	工程实施准备
本项目在模型信息化方面取得了较好的成果。			
2014	晋江市瑞光塔抢险加固工程	工程阶段	省级评审通过
本项目测试了三维激光扫描成果的数据接口，使点云文件较快、较好地转化为模型文件。			

图 1.7　清华大学建筑设计研究院创建的 HBIM 模型

1.3　HBIM 当前的瓶颈与阶段性目标

　　HBIM 的应用在文物保护领域是可行的，已经初步彰显了其巨大的技术价值，但总体而言 HBIM 目前的使用还处于初级阶段。

　　BIM 本身并不产生历史信息，而是通过数据信息附着和集成来提供用户观察和分析的新视角。历史研究中的信息推断并非 BIM 模型自动产生，而是以 HBIM 作为信息载体，将历史建筑生命进程中不断产生的各类数据信息加载到 BIM 模型中。相关信息数据不仅是保护计划中不可或缺的一部分，即使在保护完成后仍必须长时间保持准确和更新，这也是 BIM 平台应用的"血液"。但数据的泛滥却是 HBIM 应用中应当警惕的，需要清除数据中的杂质，提炼有效、精确的信息，防止数据的冗余和无效占位，有效挖掘出历史建筑的 DNA 数据。

如果将 HBIM 与目前已取得很大进展的数字"虚拟人"工程作对比，历史建筑 HBIM 模型的基础数据库规模是偏小的，对于提取历史建筑 DNA 数据而言有很大局限。

从数字"虚拟人"角度看，当前相关领域的研究工作已经解决了若干关键性技术问题。21 世纪初，中国"数字化虚拟人"工程启动，成为继美国和韩国之后第三个拥有本国虚拟人数据集的国家。"数字人男一号"拥有 9200 个平面切片，照片分辨率达到 2200 万像素，而中国的女虚拟人总数据量已经达到了 149.7GB，相当于 750 亿汉字的存储量。数字虚拟人的发展经历可供创建 HBIM 基础数据库时参考。

数字虚拟人的发展经历了三个阶段：

1）几何虚拟人阶段。这一阶段的工作主要是高质量人体几何图像采集和计算机三维重构，完成基本形态学基础上的几何数字化虚拟人，构建了男女解剖虚拟人数据集。

2）物理虚拟人阶段。在拟人的基础上附加人体各种组织的物理学信息，如强度、抗拉伸及抗弯曲系数等，使几何数字化虚拟人体现物理学性质，构成物理虚拟人。

3）生理虚拟人阶段。将生命科学研究的成果数字化，赋予几何人体。这种虚拟人可以反映生长发育、新陈代谢，重现生理、病理的有关规律性演变。生理虚拟人是数字虚拟人研究的最终目标，有望在不久的将来实现局部器官的生理虚拟。例如，将心脏的生理功能信息附加在几何和物理虚拟心脏上，在这一虚拟心脏平台上，既可以模拟各种心脏手术，又可以模拟各种药物对心脏的作用，从中筛选最佳手术方式和最佳用药剂量、给药方式，进行药效对比等一系列试验。

数字虚拟人与 HBIM 基础数据库发展阶段对比见表 1.1。

表 1.1　数字虚拟人与 HBIM 基础数据库发展阶段对比

发展阶段	数字虚拟人	历史建筑 HBIM 基础数据库
第一阶段	几何虚拟人阶段（高质量人体几何图像采集和计算机三维重构）	HBIM 数据的收集整理，3D 扫描，建筑测绘与检测鉴定，创建 BIM 模型

续表

发展阶段	数字虚拟人	历史建筑 HBIM 基础数据库
第二阶段	物理虚拟人阶段（在拟人的基础上附加人体各种组织的物理学信息，如强度、抗拉伸及抗弯曲系数等）	HBIM 中整合文物建筑的构件信息、材料力学信息、残损信息、修缮做法，载入年代、价值、残损等主要特征信息
第三阶段	生理虚拟人阶段（生命科学研究数字化成果赋予几何人体，反映生长发育、新陈代谢，重现生理、病理的有关规律性演变）	HBIM 大数据积累挖掘出建筑遗产 DNA 图谱，活化历史建筑，为历史建筑保护传承提供决策依据

以表 1.1 作为两者的相互比照参考坐标，可以判断目前数字虚拟人已处于第二阶段，而 HBIM 基础数据库尚在第二阶段，这个阶段的目标是形成基于数字化模型的历史建筑相互关联逻辑系统和所谓数字时代的"工程做法则例"，其距 HBIM 第三阶段（这一阶段可执行建筑的历史演化模态和真实环境下的建筑退化机理预测，或者能让修缮工程师的设计思维信息在 BIM 平台上智能推演，或者更进一步，针对历史建筑的修复作出智能决策）还有很长一段路要走。同时，HBIM 历史建筑基因库的数据典型性、代表性、合理性和适用性都有待在实际应用时进行校正和检验，而不同地域的传统建筑遗产基因之间的传承和变异规律也需要建筑专业、历史专业和信息科学领域的专家们联合探索研究，才能逐步完善并最终完成相关系统的创建。

第 2 章
HBIM 中的信息

2.1 数据固化

HBIM 中的 I（Information，信息）首先是 H 前缀限定下的 I，即它首先应该充分利用历史建筑测绘后整合加载与固化到三维建筑模型中的数据信息，这是与新建建筑 BIM 模型设计模式的不同着眼点。这些测绘数据固化后形成的 BIM 信息模型能以三维图形方式呈现（图 2.1），使历史建筑的保护工作更加直观[4]。

图 2.1　BIM 信息模型三维展示

数据固化对历史建筑保护的意义反映在信息的迁移过程、信息的留存过程、信息的联动过程等诸方面。通过 3D 扫描，历史建筑的实体数据迁移到模型上，也对比显示出传统测绘图纸的不足。通过三维激光扫描手段解决现场勘测问题，更适合历史建筑全生命周期下的数据记录。通过三维激光扫描的处理，现场获得三维点云数据，进行点云编辑，并将其导入 Autodesk Revit 等 BIM 软件当中，捕捉点直接绘制生成几何体，用来作为现状建模的参照，扫描下来的数据可以变成一个参考的底模（图 2.2）。此外，通过对点云的网格化处理建立多面体化表面，进而生成复杂曲面形体，然后把需要表达的内容智能化连成空间的片和面，这种技术进步极大提升了数据固化的实现范围和精细度。

由于三维激光扫描的精度不断提高，其与三维测量技术结合，采集信息快而精确，数据更为精准。目前最新的相位激光扫描仪设备可以每秒 100 万点的扫描速度在数百米扫描距离内提供接近 360°的扫描视场角和区域覆盖，实现在远距离处采用高密度的扫描进行 3D 建模。3D 建模过程应确保扫描信息没有被降维传递，即信息在迁移过程中相关数据没有丢失，能保证被全息固化到相关三维模型上。

图 2.2　三维激光扫描

目前在历史建筑的测绘作业中是否应用了 3D 扫描技术经常被视为 HBIM 进展成果的标志之一。图 2.3 是上海现代集团以历史保护建筑——上海第一百货大楼作为研究对象的 HBIM 作业尝试。首先基于激光扫描与 BIM 技术的结合进行数据采集，之后根据扫描的点云数据创建 Revit 模型，保留了完整的原始数据。构件的信息直接存储在图形数据库中，信息作为模型的一部分进行标准化和规范化处理，体现了建筑信息模型在建筑保护及数字化修复工程中的应用价值。

图 2.3　上海现代集团历史建筑保护团队进行三维扫描作业

在三维激光扫描大规模应用之前,历史建筑保护的数据保存相对粗糙,纸质图纸的存档效果远不如预想的良好,图纸缺失是常事,漫长的生命周期内各类变更改造带来的信息变动很多在档案中也无从反映。实际上,在传统模式下不同信息储存方式之间交流是有困难的,如设计图纸记录不够准确,不同图纸中平立剖数据相互对不上是常态。因此,虽然留存的数据记录可能很庞杂,但信息的可靠度存疑,与建筑的实际情况可能存在矛盾,相关数据也常常在图纸变动过程中发生遗漏。

将数据固化到 BIM 模型,体现的内涵实际上是加强数据的标准化和规范化,当建筑实物数据迁移到图纸或模型上以后,信息留存就变成建筑遗产保护工作的一项重要内容。事实上,在历史建筑漫长的生命周期中,原始图纸保存完好的机会并不多见,期间各类变更也没有准确记录,图纸存档混乱,数据彼此矛盾、不够连贯,需要用新的手段和媒介将数据予以固化,确保留存的信息被准确界定。

当数据成功整合到 BIM 模型后,就可充分利用 BIM 模型联动的数据固化属性,通过 BIM 技术建立基于建筑构件层面的面向对象的参数化模型,依靠联动智能化定位的构件描述 HBIM 的相关属性。事实上,Revit 的模型中带有大量的参照数据,信息的联动性很强,几乎每个部件之间都有一定的参照关系。虽然这些联动性创造关联的时候很繁琐,但是使用起来方便快捷,比起二维的建筑图纸有很大的优势,基本解决了二维图纸平立剖数据谬漏问题。这种联动也反映了数据固化的高阶需求,体现联动状态下的数据锁固安全度,这对历史建筑信息、管理很重要,否则混乱而割裂的数据可能造成历史建筑某些重要信息的丢失。

2.2　信息强化

HBIM 技术的核心与常规建筑设计领域所用的 BIM 技术存在一定差异,HBIM 作为历史信息的载体,实现对历史建筑信息的准确记录和完备性保留,首先需要确保实现其数据的固化,确保数据能被完整保存和传递,防止在漫长的生命周期中变异失真。换句话说,HBIM 必须实现三维—三维的直接数据流,减少历史建筑测绘、设计和修缮施工过程中三维—二维—三维的转换环节,最大限度减少信息衰减,而所谓信息强化则是 HBIM 在更高目标下的技术需求。

Murphy[2]把 HBIM 视为由点云和测绘数据映射到参数化构件的跨平台程序,

其着眼点是创建一套基于历史建筑数据的标准参数化构件库。国内学者吴葱则认为 Murphy 的定义过于强调其与点云数据的关联，如果仅仅将 BIM 模型视作对照片和文字报告的补充，则放弃了 HBIM 信息应用的统领地位，并未反映出 HBIM 的精髓[3]。相对应地，吴葱给出了更为广义的描述，将 HBIM 定位为一种信息的"索引框架模型"，能够克服历史建筑的结构复杂性和空间多样性，整体反映建筑中的特定形式、材料、构造、形制。

西安建筑科技大学学者王茹[8,9]则在具体遗产保护实践项目中探索如何基于 HBIM 的数据需求拓展和增强建筑模型的信息存储能力。王茹团队设计出一种利用图形数据库的扩展数据和扩展字典存储古建筑附加信息的明清古建筑构件信息模型系统，其基于 AutoCAD ARX 平台研究了向古建筑模型添加信息的方法[10]。该系统中古建筑基本信息直接保存在模型数据库内，信息与模型统一保存。文物建筑的构件信息、结构信息、材料信息、残损信息、修缮做法都可以被整合分类编码在一个相互关联的逻辑系统中，在建立大木、小木、瓦石、装修模型的同时同步载入年代、价值、残损等主要特征信息。如果需要对古建筑构件的力学性能进行分析，则需要载入构件荷载值、弹性模量、剪切变量、材质信息、材质类别、用材量、耐腐性等，实现全过程信息增强。图 2.4、图 2.5 所示是该团队用图形扩展字典储存模型所用的信息构造参数化三维 BIM 信息表，形成斗拱的全信息模型[11]。

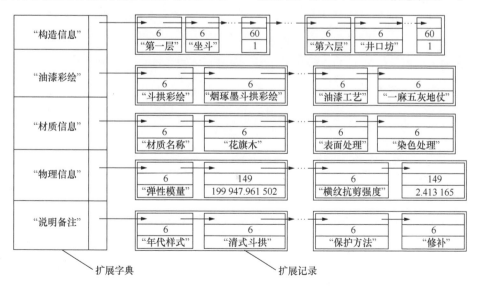

图 2.4　参数化三维 BIM 信息表

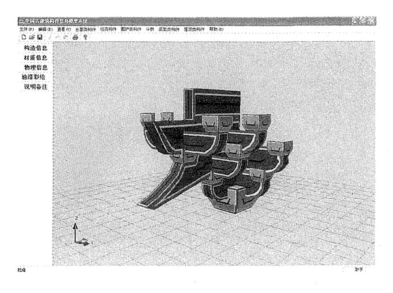

图 2.5　三维斗拱信息模型

　　当前 BIM 信息系统的灵活性、开放性、可配置性使得信息具有良好的可扩展性，其扩展的信息数据是项目管理过程中所产生的与模型图元关联的信息或资料，如修缮信息、装配信息、技术信息等。HBIM 信息强化是全过程的信息加强，主要体现在满足建筑模型对信息的扩展、重组、增补的需求，将按分类编码重新增补后的信息（包括大量与模型元素非直接关联的各种扩展数据）整合到信息模型中。这种扩展过程可以分阶段逐步实现，其最终目标是利用 HBIM 建筑信息模型不仅以三维的方式观察设计对象，同时拓展建筑模型在更多维度上的信息表达，并允许全景式的数据分析，为历史建筑的修缮设计提供强有力的技术支持。

2.3　知识活化

　　HBIM 到底是 BIM 一个专门领域的分支还是 BIM 更广义的扩展和增强？如果以数据固化的观点，HBIM 强调数据从点云到模型的映射，则可以理解为是偏于前者的。如果从信息强化的视角看，HBIM 关注数据补全功能，则可以按广义的扩展增值来理解。新建建筑的 BIM 定义存在指代的是模型还是方法的争议，HBIM 也有类似歧义。H＋B 可以被定义为 Historical Building，也可以被定义为

Heritage Building，但无论前者还是后者，HBIM 本质都更接近为一种综合管理数据库，换句话说，HBIM 可以理解为一类广义的数据中枢。

文献［4］中曾指出，"Who hasn't seen a Revit model with missing component information? The HBIM process would fill in those details."这句话意味着 HBIM 相对于 BIM 而言应当起到重要的数据补全作用。事实上，历史建筑遗产的知识文档组织通常涉及不同领域的专业人员，这意味着大量的信息需求可能是一组非常异类数据结构下的数据源，要求不同内容格式的档案补充到 HBIM 的框架内，并允许对数据集感兴趣的其他学科的研究人员轻松访问这些信息和知识，然而这个任务的实现并不轻松。

历史建筑的活化是香港屋宇署在历史建筑保护工程中提到的一个词语[5]，反映了香港特区政府对历史建筑保护工作程序的检讨，很有特色。在 HBIM 构成的历史建筑档案中，原来只能用文字表述的建造说明以及构件的材质、色彩和工艺做法等可以作为直接的视觉信息与建筑构件相关联，并直观地表现出来，大幅度减少从平面转换到三维的虚拟想象难度，也意味着在 HBIM 中将历史建筑遗产保护的工程属性进行空间编码后的知识活化，可以让研究者更直观地分析历史建筑 DNA 信息，分析历史建筑中构件形制的遗传和变异，如通过对古建筑斗拱、坐斗、梁架、门、窗、柱构件等进行分类整理与存档，获得属性列表以及数据共享的族文件，使这些族可以像基因一样存入建筑遗产的"基因库"中，不断地被活化、丰富与完善，形成完整的历史建筑中枢数据库。

HBIM 的知识活化潜力实际上隐含建筑遗产中各类事件和其他事件的依赖或关联。一般而言，BIM 数据库中的数据关联是现实世界中事物联系的表现。BIM 数据库作为一种结构化的数据组织形式，其依附的数据模型可能刻画了数据间的隐藏关系，这些关系可以是简单的时序关联或者是因果数量关联等，但此类关联未必是事先知道的，而可能是通过数据库中的关联分析才能获得。从广义上讲，关联分析是数据挖掘的本质，即发现潜藏在数据背后的知识。知识活化可以简单理解为找出数据库中隐藏的关联信息，显性化表达不同对象之间的复杂关联。

BIM 数据库中的知识发现是一个从数据集中发现知识的过程。HBIM 远期目标无非是深入大数据领地摸索深度学习下的知识发现，这毫无疑问契合当前大数据热点，而 BIM 中的信息数据正是名副其实的大数据，其指向大数据算法下的知识发现途径为：BIM 数据人员与领域专家合作，对问题进行深入的分析，以确定可能的解决思路和对深度学习结果的评测方法，通过一个交互的、迭代的多步骤处理过程，由领域专家对知识发现模式的新颖性和有效性进行评价。

然而，HBIM 当前的框架并不能支撑起主动性的知识发现，而且这个远期目标是否最理想的目标仍存疑。目前在 BIM 领域，无论是关联规则挖掘的理论和算法，还是根据知识发现任务的数据采样优化和表述转换，都缺乏原型验证。简单说，如何在 BIM 的大数据上选择、使用和运行学习算法来获取关联知识的相关探索还极为粗浅，距离简洁合用的模式还非常遥远。

当前现实条件下可以探讨的可行路径则是将 BIM 模型中描述和表征空间形态和工程各类信息属性的元件与当前已成熟的多维数据挖掘结合起来，如植入图书馆的个性化知识发现系统，从国内外数据库的学术数据站点中获取数据，或者利用搜索引擎扒取索引，整合期刊、学术论文等中外文文献元数据和引文数据，形成知识对象等引证关系图谱，深入挖掘 HBIM 模型各粒度知识对象与建筑的空间、构件、材料以及相关历史资料之间的知识关联，形成相关建筑对象的多维知识网络。狄雅静等[12]强调 HBIM 中构件的生命周期和时间轴维度。事实上，依靠时间维度的动态时序作业，HBIM 能充分展现相关历史建筑档案的知识活化潜力，最终通过系统的遗产信息管理，执行对遗产价值的深入挖掘和剖析。而根据陈亦文等[13]的思路，则可以考虑建立以 HBIM 为核心技术的跨平台信息化数据中枢和以知识活化为目标的历史建筑档案和记录体系，创建融入建筑遗产知识的三维可视平台，从历史建筑自身的构造维度、历史建筑时间维度等多维度进行分析，在多维数据模型基础上建立 BIM 知识仓库和知识挖掘系统。因此，HBIM 以知识活化为目标所创建的完整作业模式可以表达为：通过精确的数字测绘点云数据模型，以历史文献和图像资料为辅助手段，精细化创建历史文化遗产三维模型，集成开发跨介质、有效融合历史文化遗产信息模型的 Web 知识系统，将阶段性、离散、碎片化的知识切片转变成系统性的应用模式，设计面向历史建筑系统性和预防性保护的 BIM 信息集成平台，实现历史建筑记录中各类隐藏关联知识的激活和应用。

第 3 章
HBIM 工作流程

3.1 测绘

在历史建筑的测绘作业中，采用三维激光扫描技术已经逐渐成为常规的作业模式。图 3.1 表征了 HBIM 的流程内容，其中测绘工作（激光扫描）和设计工作（BIM 建模）被列为重要的起始工作节点[14]。

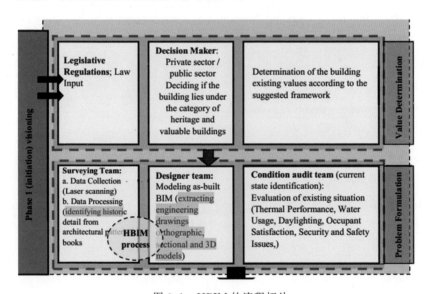

图 3.1　HBIM 的流程切片

三维激光扫描技术通过高速激光测距原理瞬时测得空间三维坐标值，获取空间点云数据。和传统测绘技术相比，三维扫描技术更真实地还原被测对象的原形原貌，通过三维扫描仪记录历史建筑三维信息，并借助逆向工程手段生成模型（图 3.2），为后续环节的工作提供了准确、翔实的数据支撑，比传统测绘手段更快速、更精确。在 BIM 设计阶段，基于三维激光扫描技术获取场景的实际数据，在地形和环境基础上进行设计建模，使得 BIM 设计与真实世界无缝对接。由于需修缮的历史建筑往往造型复杂，缺少准确的可用来建立精确的 BIM 模型的 CAD 数据，如果借助传统的测量方法，必须进行大量难度大、耗时长且成本高的测量。而采用三维激光影像扫描技术，因其是非接触式的测量，所以能在不损伤建筑物的条件下快速采集历史建筑物外表的精确数据。在修缮阶段，还可以通过三维扫描模型与 BIM 模型比对，快速发现修缮前后的不同，让结构改造更加切合实际，保证了对历史建筑的保护。

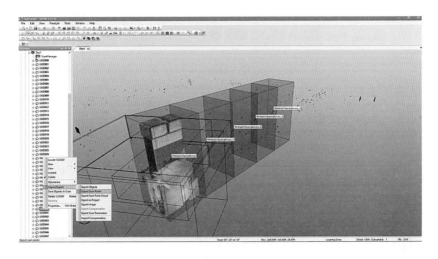

图 3.2　扫描逆向工程重建

图 3.3 所示的是 HBIM 技术流程的启动方向，即将三维激光扫描成果智能转化为 BIM 模型。用户对三维激光扫描后现场获得的三维点云数据进行点云编辑，并将其导入 AutoCAD、Autodesk Revit 等绘图软件中，捕捉点直接绘制生成几何体，用作现状建模的参照，扫描下来的数据可以变成一个参考的底模（图 3.3）。此外，通过对点云的网格化处理将表面多面体化，把需要表达的片与面连成整体，进而生成复杂曲面形体。通过使用软件，可以快速地为扫描获得的点云赋予相应的彩色信息，再经过加工便制作成三维实景，展示一个完整的实景彩色图像。它既能为项目改造设计和 BIM 模型提供翔实的数据支撑，也能作为测绘档案记载留存，为建筑今后可能进行的修缮提供精确可靠的历史数据。

图 3.4 所示的是 Faro 扫描仪的建模工作流程。Faro 扫描仪扫描现场数据，经 Faro Scene 软件对数据进行解析、拼接，然后通过 EdgeWise 软件进行建筑构件的自动识别，最后采用 Revit 软件进行修正处理。

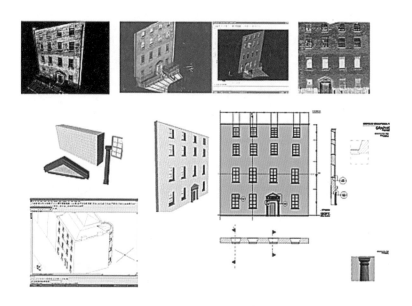

图 3.3　基于建筑测绘的智能化建模

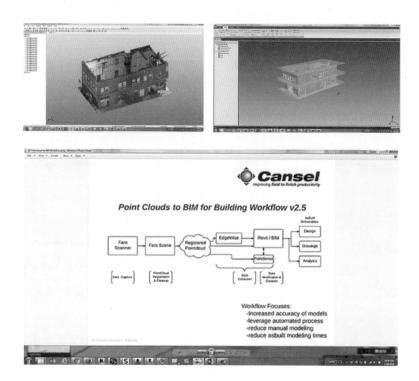

图 3.4　Faro 扫描仪的建模工作流程

除了像 Faro 这样的扫描设备公司，部分建筑模型软件开发商也发展了从扫描点云到 BIM 模型的工具。例如，天宝公司发布了应用于 SketchUp 专业版的 TSE 扩展（Trimble Scan Explorer），有了这个工具，建筑师可以根据 3D 扫描数据创建模型，将扫描仪采集到的高精度的实地数据和直观强大的专业建模软件结合起来，简化 3D 模型的创建、访问和共享过程。TSE 扫描扩展工具极大地缩短了根据扫描数据生成 SketchUp Pro 3D 模型的时间，能够迅速提取构造点和构造线以简化并加速建模进程。该扩展插件包含一个简单易用的边缘提取工具，用户可以很方便地把扫描数据中解读到的重要信息应用到自己的建模过程中，结构性边线作为参考线被引入 SketchUp 三维建模进程中，只需按下一个键就能形成结构外壳。自动化的平面提取工具能进一步提高建模效率，尤其是在构建建筑物内部和立面的时候。故 TSE 扫描扩展插件所提供的集成工作流使用户能够访问三维建模进程，以用于竣工分析和设计变更，专业人士也可以很轻松地创建可视化 3D 模型，提高可交付成果的质量[15]。

虽然三维激光扫描技术能够提供扫描物体表面的三维点云数据，处理点云时可以获取高精度的数据信息，从而使得测绘对象的点云和相应数据库的数据粒度达到构件级，可以快速提供数据管理支撑，大大减轻了逆向建模工作量，但是这种提升效率仍然需要专业技能的积累，有一些基本前提不能忽略，如需要了解一键式扫描仪的工作盲区。无论是何种最新的工具，观测点的设置都是有要求的。对于三维激光扫描，获得俯视视角的扫描环境并非唾手可得，一些建筑屋顶图像是不可能通过图 3.5 中的地表高度布置的仪器测点获取的，扫描对象的周边环境有无制高点、建筑周边有无大树遮挡等都会造成影响。图 3.6 为东南大学四牌楼校区大礼堂、体育馆和中大院的三维激光扫描图像，周边树木环境复杂，也无合适的高点位置供仪器置放以获得所谓建筑第五立面屋顶的激光扫描数据，未来可以考虑通过小型无人机具负载激光扫描设备获取屋盖图像。当前，无人机倾斜摄影技术是测绘遥感领域的一项高新技术，通过在同一飞行平台上搭载多台传感器，同时从垂直、倾斜等不同角度采集影像，获取地面物体更为完整准确的信息，突破了传统航测单相机只能垂直拍摄获取正射影像的局限。该摄影测量技术以大范围、高精度、高清晰的方式全面感知复杂场景，通过高效的数据采集设备及专业的数据处理流程生成的数据成果直观反映地物的外观、位置、高度等属性，为获得真实效果和测绘级精度提供保证，给测绘领域带来革命性的效率提升。但类似图 3.6 那样周边复杂而树木环绕时，飞行碰撞控制的实际风险还是要比想象的大很多。

图 3.5　某遗址现场扫描仪布位

图 3.6　东南大学大礼堂、体育馆和中大院的激光扫描图像

从设计院的角度，BIM 模型智能化创建释放了数字模型的潜力，但是三维 BIM 模型的应用环境仍有限，工作人员仍习惯在二维图纸上表达，有时甚至喜欢将获得的三维模型剖切，根据剖切切片分析建筑信息，这是一种从三维到二维的信息降维，此时需要注意这种信息降维所导致的信息丢失的可能。

3.2 检测鉴定

三维激光扫描在 HBIM 作业流程中很关键，但测绘技术的进步并未能覆盖历史建筑的检测鉴定工作，而后者涉及建筑内部结构的残损判定和安全评估，工作难度和作业条件也更加苛刻，同时相关检测技术并无类似三维激光扫描这样近乎革命性的技术提升。结构检测作为一个基于概率抽样统计模式下的分析需求，在系统性和科学性上的进步有限，而检测鉴定的相对不准确和误差控制的实践短板也是严重影响历史建筑 HBIM 建模精度的重要因素，尤其是历史建筑被外表皮和各种构造所覆盖，未揭露内部结构，其建模准确性给 HBIM 集成附加准确的结构信息带来困难。

历史建筑的结构检测鉴定是有一定特殊性的，由于历史建筑的修缮保护流程中结构的检测鉴定工作常被认为是非关键环节而被忽视，工程实践中相关检测鉴定往往采用粗放作业模式，造成后续设计、施工的被动。考虑到对历史建筑独特的历史文化价值进行严格保护的原则，往往存在检测结果的高度精确与检测手段对历史建筑的最小破损这两种要求之间的矛盾。采取的保护措施越严格，这种冲突越剧烈。同时，作为修缮保护设计的决策基础和依据，历史建筑检测鉴定水平的高低、检测人员的业务能力以及责任心，甚至检测鉴定报告的表述方式都有可能对后续修缮保护方案的设计和实施产生影响，极端情况下甚至对后期保护修缮工程的顺利进行造成相当大的困扰和压制。

一方面，很多历史建筑经过岁月的洗礼，结构已服役数十年甚至上百年，远远超过其预期使用或设计寿命，其结构主体往往存在明显的构件材料老化和强度衰退现象，其结构是否安全、应采用哪种合理的措施进行修缮、能否采用常规的加固改造手段等，都需要经过既有结构的安全性鉴定确定。另一方面，历史建筑的原始设计很少考虑抗震要求，大多不符合今天的抗震规范，因此其抗震评估也是相关检测鉴定工作的重要内容。理论上众多检测单位均可承担历史建筑的鉴定工作，但历史建筑的价值评定维度不同于普通既有建筑。历史建筑结构超期服役后再修缮加固以延续其寿命的必要性并非完全从经济角度衡量，这一点必然会影响到其更新保护修缮作业，包括检测鉴定的各个环节。

历史建筑因其特殊的历史、文化、科学价值和严格的保护要求，其修缮、改建不应破坏原有的建筑风格和结构形式，所以在检测方法上和其他一般建筑有所区别。就一般既有建筑而言，结构的安全性和功能更新是主要的加固设计目标，目标组成相对单一，因此加固改造设计的自由度相对宽大。而历史建筑在考虑结构的安全性之外还要符合历史建筑的原真性、可识别性以及最少干预与可逆性的原则要求，这些限制和约束往往导致设计时的多重冲突，最终妥协的结果往往是减少结构修缮加固的安全储备系数，在安全裕度和安全余量上仅满足下限需求。在这种条件下，对检测鉴定的实际要求事实上更为严格，即检测鉴定结果应该更为精准，否则一旦误差过大，容易造成后续设计决策失误，从而出现严重的安全问题。

历史建筑修缮保护遵循最少干预原则，这个特点有时会导致相关修缮加固的设计方案对特定检测鉴定结果的敏感。例如，历史建筑的混凝土构件材料强度如果检测推定值超过 C15，则设计师可以采用碳纤维布加固或者粘钢加固技术，两种技术措施对构件截面尺寸影响较小。但检测材料的强度若低于 C15，上述两种加固措施是不允许采用的，规范会要求采用混凝土扩大截面方法，这是一种不可逆且干扰明显的加固对策，不是很受建筑师欢迎。因此，一旦某建筑混凝土强度的检测结果比较粗糙，如强度推定存在明显误差而在 C15 附近波动，以该值作为设计依据将给历史建筑修缮保护的最终决策带来明显的随意性。

历史建筑的检测鉴定一般需要完成以下内容：

1）建筑历史沿革与建筑风格调查考证。

2）建筑结构图纸测绘。

3）建筑结构体系复核检测。

4）历史建筑主要结构部分、主要构件完损状况调查。采用文字、图纸、照片等方法，记录建筑结构构件、装修的损伤部位、范围和程度，尤其是重点保护部位的完损状况应特别提出说明。

5）结构材料性能抽样检测，对历史建筑承重结构所用建筑材料的现有力学性能进行测试。

6）房屋沉降变形监测。

7）全面评估建筑的安全性和抗震性能，提出建筑质量综合检测鉴定结论。

8）提出历史建筑结构加固措施建议。

原则上，按上述内容对历史建筑进行检测与鉴定时应遵守现行相关技术规定，目前相关检测标准主要是《民用建筑可靠性鉴定标准》（GB 50292—2015）、《工业建筑可靠性鉴定标准》（GB 50144—2008）、《危险房屋鉴定标准》（JGJ 125—2016）；如果包含抗震鉴定，还要满足《建筑抗震鉴定标准》（GB 50023—2009）。以上标准都属于通用性的检测鉴定技术标准，我国目前还没有颁布针对历史建筑检测加固的专门性技术标准和规范。

目前实践中会参考一些地方性历史建筑鉴定加固的技术规程。例如，上海市工程建设规范《既有建筑物结构检测与评定标准》（DG/T J08-804—2005）中专门有相关章节针对历史建筑的检测加固进行了规定。另外，如民国建筑代表性城市天津针对历史建筑的特点颁布了《天津市历史风貌建筑保护修缮技术规程》（DB/T 29-138—2018），其中详细列出了历史建筑查勘鉴定的各类具体规定和要求。由于是地方性法规，一般存在规范条款约束力的地域适用限定范围，即需考虑条例的适用性和约束力问题。因此，江南地区如南京等地参考上海的相关技术标准更有实践操作的参照意义。而上海市现在执行的《优秀历史建筑保护修缮技术规程》（DG/T J08-108—2014），其特别值得提到的是，该规程为目前国内极少数已作新版修订的历史建筑修缮保护地方技术规程，其经过了实践考察的回馈与评估［老版《优秀历史建筑修缮技术规程》（DG J08-108—2004）于2015年1月1日废止，更新后为《优秀历史建筑保护修缮技术规程》（DG/T J08-108—2014）］，通过对新旧规程变更内容的分析可以探讨历史建筑检测鉴定工作的实践进程与目标期望值之间的分离与调整。

目前设计单位普遍对历史建筑检测结果的可靠性不抱有过高的预期，这一点值得检测单位深思。一般有两个原因：

1）历史建筑年代久远，长期风吹雨淋造成的材料劣化使得常规检测执行条件不易满足。

2）对历史建筑结构强调原状保护，这种限制压缩了检测手段的应用边界和范围。

对于历史建筑的检测鉴定，业界一向强调宜进行无损检测，尤其已确定的保护部位的检测手段必须符合无损要求[16]，这无疑要求材料性能劣化检测（如混凝土强度测定）不应采用对原状有明显破坏的取芯法。虽然取芯法是最可靠的混凝土强度推定方法，但今天的历史建筑现场检测大都采用了方便灵活、成本极低而又对结构无损的回弹法。然而对于历史建筑这种服役龄期很长的结构物，回弹法测试结果的可靠性和有效性是存在很大疑问的[17]。从中我们可以发现这样的矛盾：一方面历史建筑如果期望尽量少用对现状扰动较大的检测手段，就不得不容忍可靠度较低的测量方法；另一方面，历史建筑的检测鉴定因为后续修缮设计的约束众多，本质上却要求前期的检测结果越真实可靠越好，如上文提到的，一个粗糙的混凝土材料强度检测结果能否帮助检测者可靠推定出混凝土强度是大于 C15 还是小于 C15，会敏感地影响到后续的建筑师和工程师的修缮改造方案的制订。

检测结果的可靠性也反映在检测样本点的获取数量上。理论上历史建筑年代久远，缺乏原始设计资料，形状劣化的发展和分布呈现更大的随机性，本质上要求检测采样在更大的样本点数量基础上展开，然而当前历史建筑的检测实践中采样样本点数量偏少而不满足统计要求是普遍现象，太少的检测样本数量可能导致以偏概全的风险，这往往给历史建筑的保护修缮带来诸多不利因素。上海市《优秀历史建筑修缮技术规程》（DG J08-108—2004）4.3.3 条曾经对检测样本数量作了细化的专门规定：

4.3.3　对主体结构材料性能，采用随机抽样的方法进行材性检测时，应满足如下要求：

1. 涉及改变使用功能、变动结构体系、平面布局的修缮，抽样数占总体的比例不少于 10％，一般工程，项目面积在 1000m² 以内的，抽样占总体比例不少于 15％，且不得漏项；单项工程，基础抽检点不少于 2 处。

2. 主体结构的转换部位、关键的结构构件和结构连接部位、分期建造的建筑以及体量较大的公共建筑，应增加抽样密度，采用分层或分阶段抽样的方法。

修订版本 DG/T J08-108—2014 对于检测样本点数量已不再提出具体要求。从执行原则的角度，这无疑是作了退让，这种变化有可能是应对现实状况而作出的不得已的妥协。显然，这样的修改会非常受检测单位欢迎，然而从设计单位的角度这并未解决深层次的检测结果可靠度问题；对检测样本数量不作限定，只会让后续的设计更为棘手，不仅把"扯皮"的阶段往后延伸，更有可能增加了除设计单位与检测单位之外的施工单位之间的争执。

总体来看，上述修订内容反映出一种对检测要求放宽的趋势。上海市《优秀历史建筑保护修缮技术规程》（DG/T J08-108—2014）中对检测部分的相关条文作了很大调整，很多原规程包含的细化规定均不再出现，另外则增加了专项检测和专项测绘两部分内容。从结构设计规范的发展历程看，有一种思路很受工程师欢迎，即减少强制性条文规定的刚性约束，放宽硬性指标，从而激活工程师的设计发挥空间。但是检测业务与设计业务的定位是不同的，虽然历史建筑检测鉴定的作业实践屡屡表明检测单位进场操作获取高质量检测报告的不易，但在当前的市场条件下是否就此将"红线"往后退让还是值得进一步商榷的。

在目前的工作实践中，历史建筑大多图纸缺乏、档案不全，或者虽有原始图纸但已经历过大量改扩建，故后续修缮设计在很大程度上依赖于检测单位提供的数据，因此检测单位的责任心非常关键，然而工程实践中高质量的检测报告并不普遍。例如，南京的一个民国建筑修缮项目，检测单位依据原设计图纸的屋架设计给出检测报告，但实际上业主的屋架是前不久刚拆掉换材料重建的，检测单位竟然以为是老材料、老构件，检测报告按老图纸的构件截面尺寸进行强度校核。更有检测单位对待检历史建筑的结构体系鉴定错误而让设计院瞠目结舌的事例（图 3.7）。检测单位对历史建筑地基基础检测鉴定敷衍了事的情况也不胜枚举。当然建筑地下情况涉及面复杂，探明不易，成本也高，因此近年在全国大规模校舍抗震加固中一般不对基础进行改动[18]，只要建筑没有沉降不均，即判定地基基础满足要求。但检测单位对历史建筑不管是安全性鉴定还是抗震鉴定，过于随意发挥判断依据，将给相关修缮设计带来风险。因此，如何平衡现实操作与理想原则之间的轻重，是历史建筑保护的科研人员需要深入探讨研究的[19]。

历史建筑是兼具艺术性和历史价值的人类遗产，对其保护需要遵循原真性和最少干预原则，因此其结构检测鉴定有一定的特殊性，需要检测单位提供高质量和高可信度的检测结果。但历史建筑的材料长期劣化可能使得检测执行条件不易满足，同时无损检测的要求又限制了常规检测手段的应用，故当前工程实践中相关结构检测存在一些差强人意的状况，给后续保护设计带来被动。因此，对当前工程实践中关于检测可靠性的控制要求应结合现实条件，进一步提升历史建筑修缮保护的质量与水平。

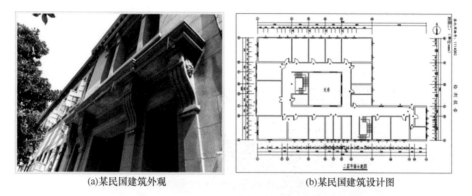

(a)某民国建筑外观　　　　　　　　(b)某民国建筑设计图

图 3.7　实际检测失误案例

（某民国建筑的混凝土框架结构，检测单位给出的鉴定结论是砌体承重结构）

3.3　BIM 模型样板

BIM 建模软件如 Revit 或 ArchiCAD 提供了若干样板用于不同的设计规程和建筑项目类型，但不同的国家、不同的领域、不同的设计院设计的标准及设计的内容都不一样，这些样板未必符合 HBIM 的要求，HBIM 项目应该在工作中定制适合自己的项目样板文件。

项目样板中统一标准的设定不仅可以使修缮设计标准得到满足，还会为各类历史建筑的修缮设计提供便利，减少重复劳动，大大提高效率。每当进入一个新项目，项目样板就为项目设计提供初始状态，项目整个设计过程也将在样板提供的平台上进行。事实上 HBIM 项目也总是存在着一些固定的工作需要做，其中一些是共性的问题，团队应根据 HBIM 项目主要的范畴归纳最常用的族文件到样板文件里，把这些重复性的工作在 HBIM 项目样板文件里预先做好，避免在每个 HBIM 项目中重复这些工作。因此，HBIM 模型团队需要进行标准样板文件的设计。团队中一般安排若干专门人员负责样板文件的制作与族制作，而样板文件包含视图样板、已载入的族、已定义的设置（如单位、填充样式、线样式、线宽、视图比例等）和几何图形、标准的作图环境设置及最常用的工具设置（图 3.8），按照设计需求（构造和专业类别）及阶段类别（新建、既有、拆除），使用类别视图图纸性质组织排序和过滤，预定义 HBIM 工程各个阶段、各个工种的"视图集"，适应 HBIM 改造项目的工作和视图组织结构，为新工程的快速启动做好前期准备，同时最大限度地减少 HBIM 架构团队的工作量。

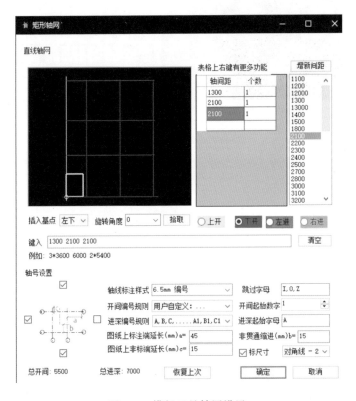

图 3.8　模板工具轴网设置

模板的标准化帮助确保 HBIM 的产品质量的一贯性和统一性，通过对项目样板的定制可以满足 HBIM 特定设计领域的特定需要，满足工作团队特定的习惯，并确保遵守特定修缮标准。团队的 HBIM 建模一般需控制以下选项：

1）管理材料浏览器，加载和自定义材料库。

2）系统族筛选和设置，如墙板类型的筛选。

3）构件族的整理。Revit 提供了基本构件，也可以借助第三方软件如探索者、橄榄山（图 3.9），其他满足专业特殊需要的 HBIM 可以自定义。

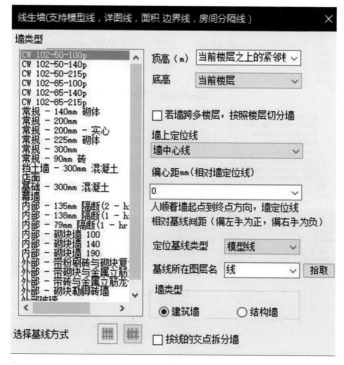

图 3.9   利用 BIM 第三方软件进行墙体快捷建模

4）各专业间选择链接方式进行协同工作。当使用"传递项目标准"工具时，如系统族依赖于其他系统族时，所有相关的族都必须同时传递，以便使其关系保持不变。视图样板和过滤器必须同时传递才能保持其关系，这一点对于 HBIM 模型工作尤其重要。

自定义族一般根据项目的工程做法在样板文件中进行设置。例如历史建筑修缮常见的钢筋网加固墙体，其工程做法表（表 3.1）依据《砖混结构加固与修复图集》编制[20]，因此在 Revit 中创建的族（图 3.10）将自动满足规范要求，BIM 应用人员在使用族时也自然而然地应用了相关标准。

表 3.1   钢筋网加固墙体的工程做法

墙类型	工程做法	说明
钢筋网水泥砂浆双面加固墙体	采用 40mm 厚 M10 水泥砂浆，钢筋网与墙面净距 5mm，网外保护层厚度应不小于 10mm，布置梅花状穿墙拉筋，间距 900mm	建筑内墙
钢筋网水泥砂浆单面加固墙体	采用 40mm 厚 M10 水泥砂浆，钢筋网与墙面净距 5mm，网外保护层厚度应不小于 10mm，布置梅花状凿洞锚固钢筋，间距 600mm	建筑外墙

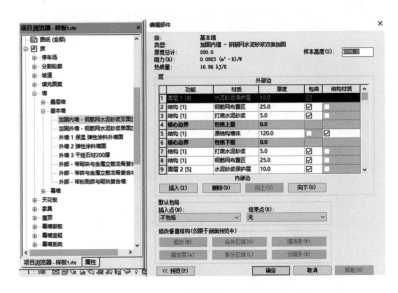

图 3.10　在 Revit 中创建钢筋网加固墙体族

Revit 提供了阶段化的功能，许多项目（如改造项目）是分阶段进行的（图 3.11），每个阶段代表了项目周期的不同阶段，Revit 的阶段化运用需根据项目的阶段制定。

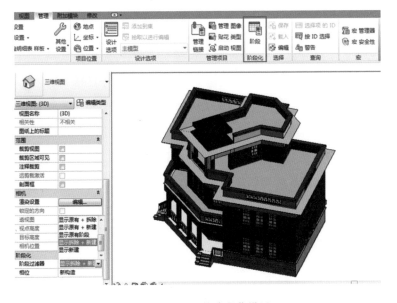

图 3.11　Revit 的阶段化设置

HBIM 制定这些阶段的意义在于：

1）历史建筑修缮加固周期复杂，存在很多工程变更，伴随着各种随意而不规范的琐碎改造，如不给予阶段性的归类，会出现模型显示杂乱的情况。

2）历史建筑 HBIM 模型构建信息非常多，如不设定使用规则将很难单独显示某个阶段的视图。

3）通过建筑 HBIM 阶段功能，明细表数量统计可按阶段区分开来，减少很多分类的麻烦，从而能快速提取相对应的数据。

Revit 的阶段参数可以通过下拉菜单"管理"→"阶段"来打开阶段化的设置对话框[21]。对话框分三个设置栏标签，即工程阶段、图形阶段过滤器和图形替换（图 3.12）。

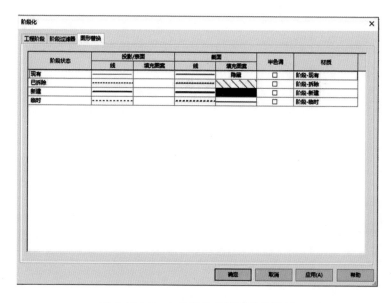

图 3.12　Revit 阶段化的图形替换设置

（1）工程阶段

该设置栏用来规划阶段的结构，按照项目要求可对项目阶段进行定义。"名称"为阶段类别的名称，可通过右侧的"插入"及"合并对象"功能进行内容定义。

（2）图形阶段过滤器

该设置栏用来设置视图中各个阶段不同的显示状态，和图面表达效果有直接联系，其显示状态分为"按类别显示"（按对象样式中的设置显示）、"不显示"和"已替代"。阶段过滤器的配置可以根据自己的要求新建或者编辑。

（3）图形替换

该设置栏用来设置不同阶段对象的替换样式来替换其原有的对象样式（包括线型、填充图案等），配合图形阶段过滤器设置中的"已替代"选项进行应用。

根据 HBIM 项目的进程，会进行不同历史阶段的信息变更，可以通过阶段的创建和合并更新图元的阶段属性，如创建阶段（该阶段主要用于标识新添加图元的阶段，一般默认为当前视图的阶段，可对其进行修改）和拆除阶段（该阶段主要用于标识拆除图元的阶段，一般默认为"无"。当点击图元选择拆除阶段时，拆除图元的阶段更新为当前视图的阶段）。

HBIM 阶段化的工作流程为：

1）分析确定项目工作阶段，为每个工作阶段创建一个相应的阶段。

2）选择相应的项目浏览器架构。

3）为每个阶段的视图创建副本，命名为"视图＋阶段"。

4）在每个视图的属性选项中选择相应的阶段。

5）为现有、新建、临时和拆除的图元指定相应样式。

6）创建不同阶段的图元。

7）为项目创建特定阶段的明细表。

8）创建特定阶段的施工图文档。

根据流程完成项目的阶段化设置，可以使 Revit 模型管理更有条理，信息的提取更快速、准确。

图 3.13 为某民国建筑修缮改造阶段化模式下按图形替换设置的墙体显示样式。

在图形替换里，构件赋予时间阶段。改变新建和拆除的图形样式，调整拆除、新建和原始墙体的显示样式（原有墙体都淡显，新建墙体填实，拆除用红线表示），在阶段过滤器面板（图 3.14）里完成相关设置。

在 ArchiCAD 软件中阶段化设置更为灵活。ArchiCAD 利用图层来控制显示内容，这种传统的方法有着巨大的弹性，优于 Revit。ArchiCAD 一般从企业标准模板（或主模板）开始建立改建的模型，然后创造和激活一个图层组合。与其他 BIM 解决方案试图将所有设计元素塞入预置的构件类、族或项目阶段不同的是，ArchiCAD 的图层管理可以按每个项目的需要方便地自定义和控制设计信息的可见性（图 3.15）。

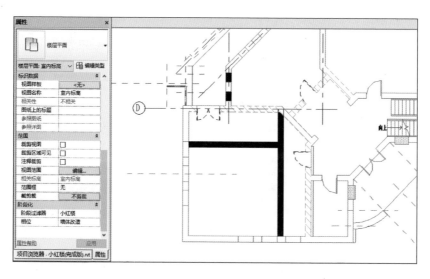

图 3.13　Revit 项目中按图形替换设置的墙体显示样式

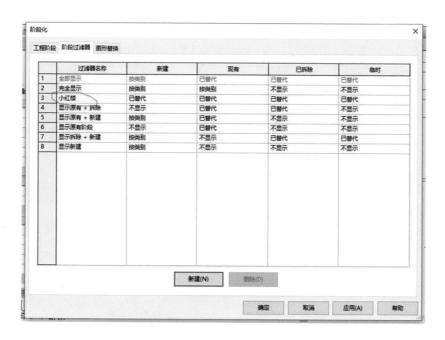

图 3.14　Revit 阶段化的阶段过滤器面板设置

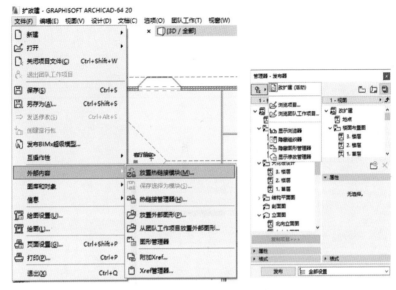

图 3.15　ArchiCAD 软件中的改扩建管理样板

　　ArchiCAD 另一个相对于 Revit 的优势是允许将已建模型作为热链接引用到改建模型中，可以充分利用 ArchiCAD 强大的热链接模型技术将已建模型作为模块导入新模型中作为参考。选择"文件菜单→外部文件→放置热链接模块"（图 3.16）。隐藏所有附加图层，用于隔离所有要拆除的元素，改变剩下元素的填充形式和线型，按行业的标准显示拆除的元素。这类似于 Revit 的 XRefs，但是 ArchiCAD 热链接模型包含完全的三维模型。

图 3.16　ArchiCAD 软件中的热链接管理器

　　使用热链接模块的优点是，在改建项目文件中只放置新的设计，改建模型中可以通过开关显示示样图层来查看每一个版本，一个主图层用于热链接，其他示样图层用于创造新的独立的 2D 和 3D 工作图，已建和拆除的平面图可随时在新老文件中切换[22]。

第 4 章
BIM 数据传递

4.1 数据传输的 IFC 标准

HBIM 作为历史建筑修缮与管理的数据中枢，对数据传输是有确定需求的，用户期望应用软件在工作流程中执行统一的数据标准。这是 HBIM 项目实践协作中经常遇到的现实情况——HBIM 团队在整个项目生命周期中可能使用不同的工具，因此彼此间可靠的数据交换至关重要。目前可以用于 HBIM 的软件众多，国内最常见的是 Revit 软件，此外还有 ArchiCAD、Bentley 甚至 Su 模型，各类模型的数据格式不同，这就形成了一个不同专业领域、不同参与人员和项目不同阶段间实现多重数据交换的复杂环境，而在此环境下创建、使用和共享智能三维数字模型信息，相关数据交换标准至关重要。有了数据交换标准，项目团队才能在不同三维建模软件应用程序之间传递信息而不损失数据保真度，专业人员各自创建需要特定甚至独特数据输入的项目交付资料，团队协作时数据有效互导，保证项目数据组织方式能协同工作，从而提高工作流程的效率和项目成果的质量。目前，开放的建筑产品数据表达与交换的国际标准被称为 IFC 标准，该名称是 Industry Foundation Classes（工业基础类）的缩写。IFC 标准支持建筑物全生命周期的数据交换与共享（图 4.1），在横向上支持各应用系统之间的数据交换，在纵向上解决建筑物全生命周期的数据管理，是 3D 平台上建筑信息互换的协议平台。IFC 标准由国际组织国际互用联盟（International Alliance for Interoperability，IAI，目前已改名为 Building SMART International）制定并维护。通过 IFC 标准的数据交换接口，实现多专业的设计、管理一体化整合，在建筑项目的整个生命周期中提升沟通效果，为建筑专业与其他专业包括 HBIM 具体项目内部的信息共享建立了一个普遍意义的基准。

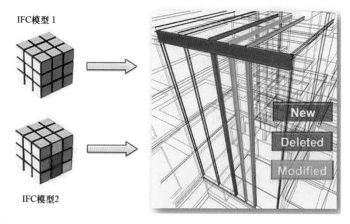

图 4.1　IFC 数据创建模型

IFC 的总体框架是分层和模块化的，由 Building SMART 制定的 IFC 标准格式包含了建筑过程中的各类信息，整体可分为四个层次，从下到上依次为资源层、核心层、共享层、领域层（表 4.1），每个层次内包含若干模块，每个模块内又包含了子层信息，这些信息的运用管理与 AEC 大量信息管理开发的软件管理概念相似，如生命周期、资料分类、成本资料、图档模型等项目的管理，可帮助建立建筑生命周期的资讯系统等[23]。

表 4.1　IFC 标准体系架构

层次	简介	内容
领域层	IFC 标准体系架构最高层，其中的每个数据模型分别对应不同领域，独立应用	能深入各个应用领域的内部，如暖通领域和工程管理领域建筑的空间顺序，结构工程的基础、桩、板实体，采暖和通风的加热炉、空调等
共享层	IFC 标准体系架构中的第三层，主要为领域层服务，使领域层中的数据模型可以通过该层进行信息交换	表示不同领域的共性信息，便于领域之间的信息共享。分类定义了一些适用于建筑项目各领域（如建筑设计、施工管理、设备管理等）的通用概念，以实现不同领域间的信息交换。例如，在共享的建筑信息中定义了梁、柱、门、墙等，构成一个建筑结构的主要构件；而在共享的服务信息中定义了采暖、通风、空调、机电、管道、防火等领域的通用概念
核心层	IFC 标准体系架构中的第二层，可以被共享层与领域层引用	主要提供数据模型的基础结构与基本概念。将资源层信息组织成一个整体，用来反映建筑物的实际结构。例如，一个建筑项目的空间、场地、建筑物、建筑构件等都被定义为 Product 实体的子实体，而建筑项目的工作任务、工期、工序等则被定义为 Process 和 Control 的子实体

层次	简介	内容
资源层	IFC 标准体系架构中的最底层，可以被其他三层引用	主要描述 IFC 标准需要使用的基本信息，不针对具体专业。包含了一些独立于具体建筑的通用信息的实体，如材料、计量单位、尺寸、时间、价格等信息。这些实体可与其上层（核心层、共享层和领域层）的实体连接，用于定义上层实体的特性

IFC 标准的核心技术分为两部分，即工程信息如何描述和工程信息如何获取。IFC 标准采用 Express 语言描述建筑工程信息，包含 600 多个实体定义和 300 多个类型定义。IFC 信息获取实际上通过标准格式的文件交换信息完成，因此 IFC 就是一个标准的公开的数据表达和存储方法，每个软件都能导入/导出这种格式的工程数据，即任何工程类软件可以以 IFC 作为数据交换的中介和中转站完成数据的无障碍流通和链接，从而实现最大限度的数据共享。

IAI 自 1997 年 1 月发布 IFC 1.0 版以来，又分别在 1998 年 7 月发布 IFC 1.5.1 版，在 2000 年 7 月发布 IFC 2×2 版，在 2006 年 2 月发布 IFC2×3 版。2013 年 3 月，bSI 组织发布了最新的 IFC 4 版。各版的特点如下：IFC 1.5 为商业软件开发提供了一个稳定的平台，验证了核心模型和资源，这一版本成为商业软件应用系统实现 IFC 标准的基础，这些软件包括 ArchiCAD 和 Revit；IFC 2 为整个信息模型建立了一个稳定的基础框架，这个版本将整个信息模型分为两个部分，即平台部分和非平台部分，平台部分是模型中相对稳定的部分，这一部分已经被纳入国标，此外在 IFC 2 中引入了 IFCXML 规范，用 XML 模式定义语言定义了对应 Express 的整个 IFC 模型；IFC 4 则在参数化设计方面强化了对 NURBS 曲线和曲面等复杂几何图形的支持，增加了 IFC 扩展流程模型、IFC 扩展资源模型和约束模型，并允许使用 mvdxML 格式提升计算机的可读性。

在主要软件方面，Autodesk Revit 等软件强调对数据互操作性的支持，致力于实现协作、互联和开放的 BIM 工作流程，Autodesk Revit 软件提供了基于 Building SMART IFC 2×3 Coordination View 数据交换标准的经认证的 IFC 导出和导入功能，这些认证构成了 Building SMART 当前面向建筑设计软件提供的全套认证。

在 BIM 资料管理方面，有相应组织创立了 BIMserver. org，提供由 JAVA 语言编写的不收费的 BIMserver 使用。BIMserver 主要用于对 IFC 资料进行模型管理、用户管理、修订管理、变更警告、查询功能、与谷歌地图结合应用等，并能依照 IFC 档案中所包含的几何信息建立浏览。对于 IFC 模型的浏览要求，除了许多 BIM 软件本身提供的浏览功能或额外的浏览器，另外有许多免费或者开放原始代码的浏览器。

IFC 是数据交换标准，用于异质系统交换和共享数据，可以预期，其在 HBIM 项目团队协作中发挥着重要作用，并将随着更多 IFC 模型视图定义的引入而变得越来越重要。IFC 在协作以及参照和验证原始数据源方面（对于配备多个 BIM 软件应用程序的项目以及以 BIM 平台为主的项目）非常有效，随着团队和项目变得日益复杂，项目中所使用的数据类型也更加纷繁多样，这些数据必须可与其他软件解决方案实现交换，因此 IFC 参考模型全面开放的方法至关重要，即通过支持互操作性和协作、互联的 BIM 流程，最大限度地满足不断变化的 HBIM 项目团队需求，为今后 IFC 信息的更广泛应用提供协作框架。

4.2　Open BIM 与 ArchiCAD

所谓 Open BIM，是 BIM 行业内使用的透明的商业协议，要求用通用语言进行产品间可比较的服务评估和提供可靠的高质量数据。Open BIM 支持透明开放的工作流，且提供贯穿项目生命周期的持续的项目数据，避免重复输入相同数据和出现间接的错误。不同的软件供应商能够在系统上独立参与，以获得"最好的组合"解决方案，从而满足 HBIM 的多源模型系统集成需求。

相比于国内以 Revit 软件为主构建 HBIM 系统，国外的 HBIM 架构很多是基于 ArchiCAD 建立的。ArchiCAD 作为最早从事 BIM 探索的软件，效率高，对配置要求低。ArchiCAD 并未像 Revit 那样取消层的概念，大大增加了阶段化分析的灵活性，在对 IFC 的支持上 ArchiCAD 也领先 Revit，因此 ArchiCAD 执行开放的设计协同（Open BIM）时比其他软件更好，与各学科协同工作流更为完善。所有的 IFC 数据管理都可以在一个友好的用户界面上完成，通过改善模型修改的监测及对 IFC 性能的优化，支持广泛的 IFC 数据类型，如 IFC 的多级层次任务类型、IFC 型产品实体、门窗性能、空间的包含关系等。相对于其他 BIM 软件厂商，只要是原生支持而非部分支持 IFC 标准，理论上 ArchiCAD 就可以 100％实现全部数据交换。IFC 4 支持新的协同工作流（设计移交视图和参考视图），并能在与其他标准进行协调时提供有效的帮助，最新版的 ArchiCAD 也是全球第一批全面支持 IFC 4 开源标准的 BIM 软件。

ArchiCAD 最早实现了与 IFC 格式的双向传输，很多产品通过 IFC 在 ArchiCAD 的建筑模型基础上扩展了应用范围，使建筑信息模型在设计过程中发挥了更大的作用。在信息强化和信息共享方面，ArchiCAD 可以为 BIM 模型中的元素任意定义和添加非几何信息，如构件的物理属性（隔声隔热系数、传热系数、防火系数、能耗等）、施工建造信息、制造信息、成本信息、运营维护信息等。这些信息既可以直接在 ArchiCAD 中输入，也可以通过 Excel 表格导入 ArchiCAD 并加载到模型构件中。ArchiCAD 构件信息无限制添加，同时可以进行分组管理，最重要的是与 Excel 双向关联，可以从 Excel 导出后修改，再导回到 ArchiCAD 中，构件信息自动更新。ArchiCAD 有助于充分发挥 BIM 中信息的价值，通过对 IFC 的支持，ArchiCAD 提供了除基于其 API 接口进行应用开发外的另一个广阔的应用集成途径，能为 HBIM 研究者带来更大的收益。HBIM 涉及的各专业都可以有效地集成在一起，因此基于 ArchiCAD 模型的多专业一体化设计是 HBIM 未来值得期待的一件事情。

对于 HBIM 研究者而言，ArchiCAD 支持不同专业之间反馈协调交互迭代方案，通过以特定目标为导向制作的工具（如 BIMx 或 Excel 等一般的工具）实现信息共享，吸引更广泛的目标群体，包括 HBIM 用户，以使用存储在 BIM 中的丰富信息。ArchiCAD 另外一个不同于其他 BIM 软件的重大突破是其对 BIM 协同格式 BCF 的支持，即除了 IFC，ArchiCAD 支持 BIM 协同格式（BIM Collaboration Format Support）（图 4.2）。这是一个开放的文件格式，允许在屏幕上通过文本注释加入 IFC 模型层，协调各方做更好的沟通。BIM 协同格式 BCF 在 ArchiCAD 中作为形式标记的条目被集成，并作为标注在 IFC 模型层拓展，即这种注解式标签可以通过 IFC 传递给任意数据源模型的使用者，这对于 HBIM 使用者而言是很重要的信息补充的通道（图 4.3）。

ArchiCAD 对于 HBIM 相关利益群体的价值不仅在于保存所有关于建筑设计、修缮施工和管理的必要信息，并帮助建筑师和设计师获得大部分信息，还表现在凸显了 BIM 中的"I"（信息），即其对 IFC 4.0 的支持，能执行完整的 BCF 数据交互迭代，以满足专业间的高度协调，而信息是 HBIM 最有价值的部分，

ArchiCAD 支持用户将建筑信息模型作为所有相关信息的中央存储空间来使用，同时可以轻松地存储和维护非 CAD 或 BIM 工具生成的设计信息（如 Excel 表格），故 ArchiCAD 信息存储特征所反映的强大的信息管理功能可满足 HBIM 数据中枢的需求[24]，如新建 ArchiCAD 元素属性可映射为 IFC 方案属性（图 4.4）。

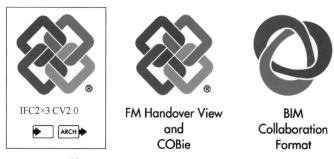

图 4.2　ArchiCAD 对 Open BIM 的扩展

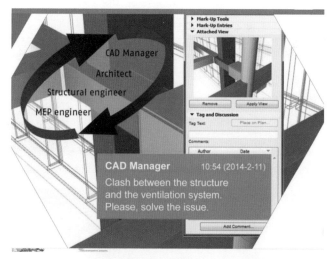

图 4.3　BCF 的文本注释可加入 IFC 模型层

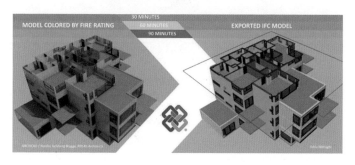

图 4.4　ArchiCAD 的图形覆盖在导出的 IFC 模型中显示

4.3 SU BIM 模型

SketchUp 模型不是严格意义上的 BIM 模型，但是对建筑师而言，这个设计工具的易用性和灵活性远远超过其他三维设计工具，HBIM 中如果放任它的缺席是非常遗憾的事情。一些设计师团队尝试将 SketchUp 软件向 BIM 方向拓展，这种努力的回报就是最新版本的 SketchUp 软件（简称 SU）提供了 IFC 的转入/转出功能，极大释放了 SU 模型在 BIM 中应用的潜力。

事实上，早在 SketchUp 软件的 IFC 功能未开放前，已经有国外设计师团队不满足于将 SU 仅仅视为一个草图工具而努力拓展其 BIM 建模能力，这些团队没有依靠 IFC，通过独立组库完成了 BIM 框架应用，相关经验（表 4.2）可以供HBIM 框架参考[25]。

表 4.2　SU 模型 BIM 参数化结构

结构树展开（对应 Revit 项目浏览器）	
钢筋混凝土结构钢筋三维构造细节（对应于 Revit Structrue）	
组库（对应 Revit 族库）	

续表

属性参数信息（对应 Revit 族的参数化设置）	
建造单元数据库（对应 Revit 的施工仿真信息）	

注：本表中的数据和图片来源于文献 [25]。

国内也有设计团队做过 SU BIM 的各种尝试[26]。该团队基于 SketchUp Pro、Win APP 等的二次开发，逐步建立、扩充建筑各专业构件模型库，根据国内建筑行业设计、施工规范完成系统的建筑信息模型表达和建筑信息文件的链接。目前该团队已有较丰富的 SU BIM 实践成果。表 4.3 所示为该团队总结的 SU BIM 的特征。

表 4.3　SU BIM 的优势

简洁易用	SU 平台简洁，利于建筑专业人员快速掌握，便于使用，专业的建模团队确保了符合工程标准的 BIM 模型搭建以及后期应用
符合建筑师的习惯	SU 平台拓展性极强，给予每个设计者的创作空间很大，有助于建筑师发散思维
SU 的开放性	通过组件库建立、二次开发、企业标准制定等可以实现复杂庞大的 BIM 建筑体系
SU BIM 专业性	SU BIM 有足够的模型精度，可视化效果出色
平台对硬件要求不高	对于 BIM 公司和客户之间的互动有利，体现出 BIM 多方协同的作业理念
建模速度快	专业间模型、大型分项模型链接轻便，满足国内建筑设计、建造工期短的要求，符合国内工程建造实际

基于表 4.3 中所提的优势，团队所建的 SU BIM 模型构件附带丰富的与项目相关联的信息，包括构件的规格参数、数量、系统、制造商、采购时间、供货时间、安装时间、Web 链接、备注等，用户可以根据工程进度和需要予以记录、修改、更新，构建一个工程信息模型。另外，SketchUp 可以任意搭配相关插件进行普通三维模型或 BIM 信息模型的创建，根据项目需求灵活制定建模规则来达到最终目的，这一点应该是 SketchUp 轻量化 BIM 软件的优势。例如，SketchUp 中的 Building Structure Tool（建筑构造工具）是创建结构插件，该插件在创建 SU BIM 模型时可以利用统一的参数化截面库文件、统一的材质、统一的分层图完成（图 4.5）。

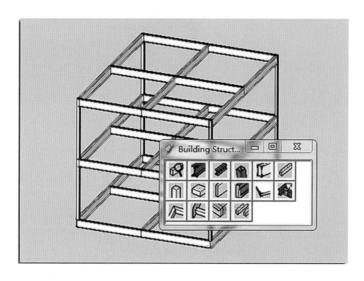

图 4.5　创建 BIM 构件的插件

国内另外一家设计团队（泛华建设集团黄立麟等）在 SU BIM 方向探索得更远[27]。该团队将 SU BIM 拓展用于建筑部件的碰撞检查，这已经完全摆脱了 SU 软件草图设计的影子，控制精度达到了 Revit 等 BIM 模型的高等级 LOD 要求。该团队实现了 BIM 软件的经典碰撞检查功能的流程演示，如图 4.6 所示。

图 4.6 中的碰撞检查显示了 SU 模型的 BIM 对尺寸精确控制的能力，但这并非 HBIM 中所需的关键作用，HBIM 需要承托 SketchUp 的 IFC 数据交换接口，它的导入/导出开放信息模型才是 SketchUp 向 BIM 拓展的核心功能，这个功能

实际上打通了 SketchUp 跟其他 BIM 软件之间的通道，使得 HBIM 在作业过程中可以通过 SketchUp 模型为每个组件赋予 IFC 信息。

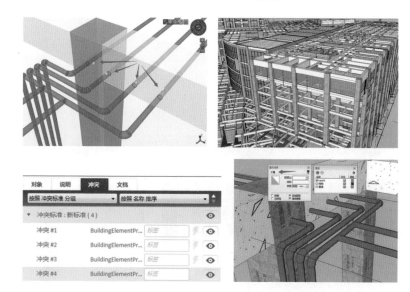

图 4.6　创建 BIM 构件的插件

4.4　Vico Office

Vico Office 是天宝建筑公司为涉足 BIM 项目而发布的一项管理软件，通常被设计和项目承包部门使用。从 HBIM 的角度看，Vico Office 的潜力未被充分挖掘，它其实可胜任 HBIM 数据中枢的作用。

Vico Office 具有模型组织功能，可以任意标注模型（如墙、板、梁、矩形柱、楼梯等）的内容，并在 Vico Office 内注册为目标元素。这些元素均具有可计算参数等变量，有助于驱动建筑模型，整合设置精确的建筑修缮信息。在 Vico Office 中可利用 BIM 编码体系将构件数据化，从而进行二次开发，以承载建筑生命周期过程中的各类数据，形成"建筑遗产管理的大数据"。

Vico Office 为建筑项目提供集成 BIM 工作流，就 HBIM 需求而言，它对用户更亲和：Vico Office 扩展基本的 3D 模型与时间分析相协调，能同时把 2D 图纸和 3D 模型添加到文件注册中，用来进行版本控制和变更管理，可持续采集数据并提交数据报告，因而在历史建筑保护项目的可持续生命周期中，其相关工作流程可适应 HBIM 生命周期不同阶段内关键数据的供应需求。

Vico Office 可集成多源模型，可以通过 ArchiCAD、Tekla、Revit、Auto-CAD 将各类模型文件发布到 Vico Office 中（图 4.7）。这些文件包括 IFC 文件、SketchUp 文件、CAD-Duct 文件甚至 3D DWG 文件，都可以在 Vico Office 中使用。

图 4.7　Vico Office 集成多源模型

Vico Office 用文档控制器进行档案图纸和模型管理，在 BIM 模型完成之后可从项目取得 3D 模型并在 Vico Office 文档管理器中与 2D 图纸进行审核比较，在整个项目管理数据流中对关注的问题进行追踪。修改之后的模型可以再次通过 Vico Office 文档控制器快速识别不同图纸和模型版本之间的变化。文档控制器提供了一种快速分析 3D 模型中更改内容的方法，以帮助用户了解设计如何演变：使用高亮模式和颜色编码快速显示模型中的更新内容。滑块模式可以用来移动几何面，同时在滑块的两侧可以标注相关云标记，以此可以组织一个跨团队讨论，对问题项进行限踪分析[28]。

从实践看，历史建筑的图纸变更的管理存档以及建筑各历史阶段的维护修缮图纸保管一直是说易行难的，而图纸是 Vico Office 历史修缮记录的最佳内容表达，HBIM 中的 BIM 软件对图档的管理并不理想，因此 Vico Office 特色性的 2D 与 3D 超链接模式对 HBIM 而言有重要价值（表 4.4）。

表 4.4 适合 HBIM 需求的特征列表

特征	说明	图示
2D 分析	管理 2D 图纸、文档，图纸或模型叠加滑动滑块模式：在屏幕上拖动一个滑动条，以显示叠加模式下的每一张图纸	
2D 图纸与 3D 模型的对比	允许比较两种模式的 2D 或 3D 模型的变化：插入参考平面到 3D 模型的垂直和水平位置，2D 图纸在这些参考平面上滑动，以比较不同之处	
2D/3D 超链接模式	实际上 HBIM 管理的是一个 2D/3D 混合世界，管理 2D 图纸、文档和 3D 模型问题会比较复杂，需要知道哪些元素被建模和准确度是多少，了解模型中的变化及其是否包含在相关集合中	
跟踪历史变化	Vico Office 允许跟踪建筑模型的变化，所识别的变化可以非常细微。用带有颜色编码的高亮显示模式识别新老几何图形	
对模型标注	采用箭头等各类注释符号标注关键细节	

续表

文档上传保存	自动完成文件的更改、云储存和注释的任务	
文档时效控制	Vico Office 的图纸版本功能可以转化为 HBIM 的历史修缮记录功能，通过图纸和模型在历史建筑生命周期内的变化记录解决历史建筑大量日常修缮图档缺失和收藏混乱的问题	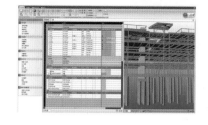

注：本表数据和图片来源于文献［28］。

4.5 数据表单与数据库

4.5.1 COBie 数据表单

建筑信息的分类贯穿信息定义和赋值的全过程。基于信息的复杂性和交叉性，信息的分类标准各有不同。若根据 BIM 模型所包含的信息特点及建筑设施管理的内容划分，信息可以分为四大类，即实体属性信息、阶段属性信息、随时间变化的动态信息、内容属性信息。

如果用 BIM 管理历史建筑，COBie 数据表单是高价值的专业型数据标准，可以从另外的维度重新整理解读建筑组件（图 4.8）。COBie 通常被称为施工营运建筑信息交换标准，该信息电子表格标准已被美国国家 BIM 标准 NBIMS 接纳，英国国家标准（BS 1192 - 4：2014）也已将 COBie 纳入其参考标准中。这套标准主要用于定义说明从设计、施工到营运阶段的管理过程当中如何更新与获取所需信息的信息交换技术、标准与流程。这些数据可由建筑师或工程师提供，包括楼层、空间或设施的布局，或是由承包商提供的设施产品序号、型号等。凡是建筑生命周期中建筑项目的各参与人皆可在各阶段输入相关资料，以供后续管理人员方便地使用。

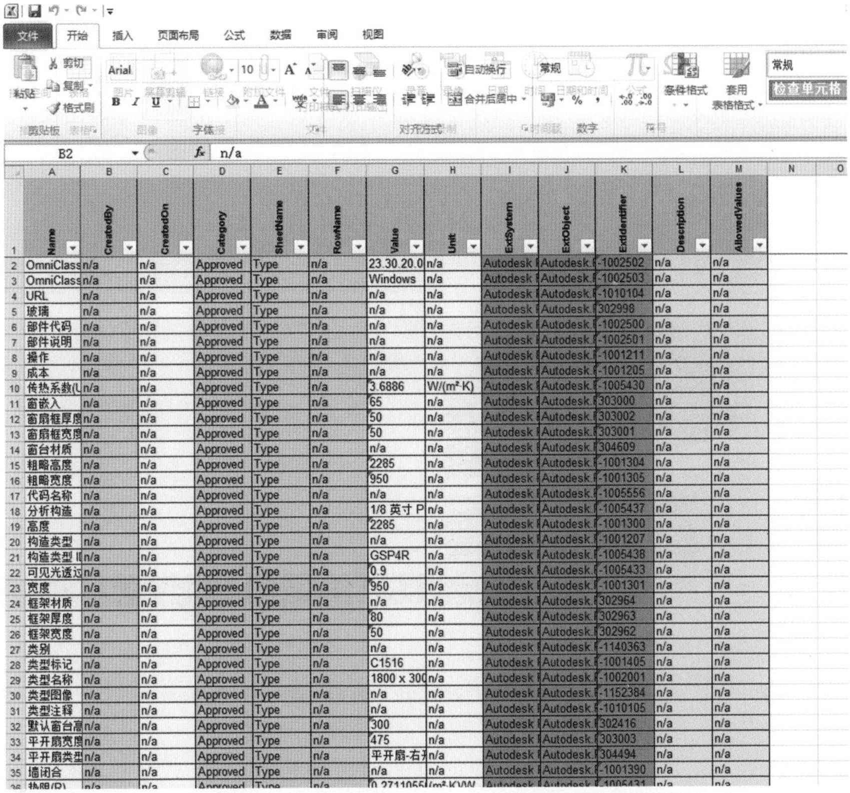

	A Name	B CreatedBy	C CreatedOn	D Category	E SheetName	F RowName	G Value	H Unit	I ExtSystem	J ExtObject	K ExtIdentifier	L Description	M AllowedValues
2	OmniClass	n/a	n/a	Approved	Type	n/a	23.30.20.0	n/a	Autodesk	Autodesk.	-1002502	n/a	n/a
3	OmniClass	n/a	n/a	Approved	Type	n/a	Windows	n/a	Autodesk	Autodesk.	-1002503	n/a	n/a
4	URL	n/a	n/a	Approved	Type	n/a	n/a	n/a	Autodesk	Autodesk.	-1010104	n/a	n/a
5	玻璃	n/a	n/a	Approved	Type	n/a	n/a	n/a	Autodesk	Autodesk.	302998	n/a	n/a
6	部件代码	n/a	n/a	Approved	Type	n/a	n/a	n/a	Autodesk	Autodesk.	-1002500	n/a	n/a
7	部件说明	n/a	n/a	Approved	Type	n/a	n/a	n/a	Autodesk	Autodesk.	-1002501	n/a	n/a
8	操作	n/a	n/a	Approved	Type	n/a	n/a	n/a	Autodesk	Autodesk.	-1001211	n/a	n/a
9	成本	n/a	n/a	Approved	Type	n/a	n/a	n/a	Autodesk	Autodesk.	-1001205	n/a	n/a
10	传热系数(U	n/a	n/a	Approved	Type	n/a	3.6886	W/(m²·K)	Autodesk	Autodesk.	-1005430	n/a	n/a
11	窗嵌入	n/a	n/a	Approved	Type	n/a	65	n/a	Autodesk	Autodesk.	303000	n/a	n/a
12	窗扇框厚度	n/a	n/a	Approved	Type	n/a	50	n/a	Autodesk	Autodesk.	303002	n/a	n/a
13	窗扇框宽度	n/a	n/a	Approved	Type	n/a	50	n/a	Autodesk	Autodesk.	303001	n/a	n/a
14	窗台材质	n/a	n/a	Approved	Type	n/a	n/a	n/a	Autodesk	Autodesk.	304609	n/a	n/a
15	粗略高度	n/a	n/a	Approved	Type	n/a	2285	n/a	Autodesk	Autodesk.	-1001304	n/a	n/a
16	粗略宽度	n/a	n/a	Approved	Type	n/a	950	n/a	Autodesk	Autodesk.	-1001305	n/a	n/a
17	代码名称	n/a	n/a	Approved	Type	n/a	n/a	n/a	Autodesk	Autodesk.	-1005556	n/a	n/a
18	分析构造	n/a	n/a	Approved	Type	n/a	1/8 英寸 P	n/a	Autodesk	Autodesk.	-1005437	n/a	n/a
19	高度	n/a	n/a	Approved	Type	n/a	2285	n/a	Autodesk	Autodesk.	-1001300	n/a	n/a
20	构造类型	n/a	n/a	Approved	Type	n/a	n/a	n/a	Autodesk	Autodesk.	-1001207	n/a	n/a
21	构造类型 I	n/a	n/a	Approved	Type	n/a	GSP4R	n/a	Autodesk	Autodesk.	-1005438	n/a	n/a
22	可见光透过	n/a	n/a	Approved	Type	n/a	0.9	n/a	Autodesk	Autodesk.	-1005433	n/a	n/a
23	宽度	n/a	n/a	Approved	Type	n/a	950	n/a	Autodesk	Autodesk.	-1001301	n/a	n/a
24	框架材质	n/a	n/a	Approved	Type	n/a	n/a	n/a	Autodesk	Autodesk.	302964	n/a	n/a
25	框架厚度	n/a	n/a	Approved	Type	n/a	80	n/a	Autodesk	Autodesk.	302963	n/a	n/a
26	框架宽度	n/a	n/a	Approved	Type	n/a	50	n/a	Autodesk	Autodesk.	302962	n/a	n/a
27	类别	n/a	n/a	Approved	Type	n/a	n/a	n/a	Autodesk	Autodesk.	-1140363	n/a	n/a
28	类型标记	n/a	n/a	Approved	Type	n/a	C1516	n/a	Autodesk	Autodesk.	-1001405	n/a	n/a
29	类型名称	n/a	n/a	Approved	Type	n/a	1800 x 300	n/a	Autodesk	Autodesk.	-1002001	n/a	n/a
30	类型图像	n/a	n/a	Approved	Type	n/a	n/a	n/a	Autodesk	Autodesk.	-1152384	n/a	n/a
31	类型注释	n/a	n/a	Approved	Type	n/a	n/a	n/a	Autodesk	Autodesk.	-1010105	n/a	n/a
32	默认窗台高	n/a	n/a	Approved	Type	n/a	300	n/a	Autodesk	Autodesk.	302416	n/a	n/a
33	平开扇宽度	n/a	n/a	Approved	Type	n/a	475	n/a	Autodesk	Autodesk.	303003	n/a	n/a
34	平开扇类型	n/a	n/a	Approved	Type	n/a	平开扇-右	n/a	Autodesk	Autodesk.	304494	n/a	n/a
35	墙闭合	n/a	n/a	Approved	Type	n/a	n/a	n/a	Autodesk	Autodesk.	-1001390	n/a	n/a
36	热阻(R)	n/a	n/a	Approved	Type	n/a	0.2711055	(m²·K)/W	Autodesk	Autodesk.	-1005431	n/a	n/a

图 4.8　COBie 输出的表单中用不同颜色区分相关属性

BIM 模型中信息电子表格若以 COBie 为主要信息交换标准，其 BIM 模型须具备一些特定对象属性、空间定义及项目信息，按一般控制分类（如 OmniClass）、产品（Product）和设备（Equipment）位置，在已命名的空间（Space）中映射空间与区域（Zone）、设备（Equipment）与系统（System）的关系。

COBie 数据对建筑项目的空间区域划分比 BIM 模型更加详细合理。一个 BIM 模型对建筑的空间划分是通过轴网和标高实现的，每个空间都是独立存在的，看不出其中的关联和相互影响；而 COBie 将相同属性的小空间归纳整合，分为 Zone（区域）、Floor（楼层）、Room（房间），这样的整合更有利于管理人员查找、定位某一建筑设施，也利于厘清相同属性的小空间之间的联系和影响。

因此，COBie 可以用于历史建筑保护领域的保护加固信息识别，针对重点遗产保护范围进行筛选（图 4.9）。历史建筑中需要重点管理的资产都应标识出其在设施中的位置；如果将选定区域（如社交活动区、防火报警区、舞台灯光区、居住区、通风区、文物保护区）关联到特定的模型元素，COBie 数据中应包含这些区域。

图 4.9　某民国历史建筑的 COBie 区域空间管理

综上所述，若仅仅依靠 BIM 模型，只能通过构造族的方式定义想要的构件，并且这些构件信息并不完备，而 COBie 数据提供了关于建筑设施的备件、资源、文档等问题的描述；通过对表中各个指标的定义，可以准确、快速了解或定位任一具体构件，基于 Revit 元素的分类对区域、房间、空间进行识别和区域管理。理论上 COBie 区域可以通过 Revit 房间、空间或两者的某种组合来定义，甚至允许 COBie 区以分层的方式来创建，而一旦建立，这些区域可以被反映到当前 Revit 模型任何房间或空间中，极大扩展了 Revit 在 HBIM 中的应用潜力[29]。

4.5.2　ODBC 数据库

利用 BIM 模型维护及管理历史建筑，如果不期望应用专业的 COBie 数据表单，HBIM 也可直接将 Revit 的信息导出到 ODBC 数据库中。Revit 自带数据导出功能，如要将 Revit 建筑信息模型导出并转换为 ODBC 格式，可选择"文件（File）→导出（Export）→ODBC 数据库（ODBC Database）"（图 4.10），然后选择原有的数据源（Data Source）或创建新的数据源，确定数据库位置或创建新的数据库。

图 4.10　Revit 软件的 ODBC 导出选项

ODBC 是基于开放数据库互联（Open Database Connectivity）建立的一组规范，提供对数据库访问的标准 API（应用程序编程接口）。这些 API 利用 SQL（结构化查询语言）来完成大部分任务。ODBC 本身也提供对 SQL 的支持，用户可以直接将 SQL 语句传送给 ODBC。Revit DBlink 选项可将项目数据导出到数据库中，对数据进行更改，然后将数据重新导入项目中。数据库通过表视图显示项目信息，可以在导入之前对该表视图进行编辑，通过该表视图还可以创建共享参数并在相关表中为这些参数添加新字段，在数据库中对这些新字段所做的任何更改都会在将来导入时更新共享参数，因此 ODBC 表单可以从 BIM 的各生命周期应用阶段中撷取数据并传递至维护管理需求侧，使得建筑生命周期的管理执行更容易、更有效率且成本更低（图 4.11）。

对于历史建筑 HBIM，通过数据库补充建筑的各类保护措施等细节有明确的实用性。BIM 数据库通过 Revit DBlink 导出的数据是多个子表的集合，子表中部

图 4.11　Revit 软件的 ODBC 导出数据库表单

分与建筑保护内容不相关的字段可删除；还有些字段内容是空的或不全面，这些字段内容需要补充。导出的数据包含项目中一个或多个图元类别的项目参数。针对每个图元类别，Revit 都会导出一个模型类型数据库表格和一个模型实例数据库表格。Revit ODBC 数据库的最大优势在于，其导出的近百个表几乎覆盖 Revit 项目中的所有图元，可以方便地在这些图元上进行各种信息的汇总分析。根据 HBIM 使用要求对模型信息进行有效分类、提取和应用，根据预期目标对 BIM 模型信息进行定义、分类、整合添加建筑管理保护信息，最终将 BIM 技术与 ODBC 标准相结合。整合完毕的建筑保护信息储存在 Access 数据库中，作为管理系统的数据源，即根据建筑保护管理的要求研究 BIM 模型信息的分类、赋值、提取和综合应用，检索历史建筑构件信息更为准确、全面，体现了对历史建筑的精细化管理。

4.5.3　Navisworks 外部数据库

Navisworks 是施工行业的 BIM 标杆软件，但几乎从未有人做过其在 HBIM 中的角色尝试。不过 Navisworks 的一个独特功能是能够激发其应用潜力，这个功能就是相比 Revit 和 ArchiCAD 能更为方便地将模型外链主数据库的 DataTools。

Autodesk Navisworks 模型文件和数据整合功能支持将设计、施工和其他项目数据整合进单一的项目集成模型。该软件能够以任意主流三维设计的激光扫描文件格式导入文件，从原始设计文件智能读取数据模型，进行浏览，并从外部数据库导入数据，从而在模型中显示数据（图 4.12）。Navisworks 所提供的 Data-Tool 功能可将对象属性元素链接到外部数据库的表中所存的字段，同时支持具有合适 ODBC 驱动程序的任何数据库，故可将文件中的模型与外部数据建立链接并加以管理，这可以扩大 HBIM 的知识链接能力。

图 4.12　Navisworks 场景中的相关数据链接信息窗口

Autodesk Navisworks 中有以下几个链接源，即从原生 CAD 文件转换的原始链接、由 Autodesk Navisworks 用户添加的链接及由程序自动生成的链接（如选择集链接、视点链接、"TimeLiner" 任务链接等）。将从原生 CAD 文件转换的链接和由 Autodesk Navisworks 用户添加的链接视为对象特性，确定新建立的链接后即可在模型上查询相应的外部数据库信息，可以在 "特性" 窗口中检查数据中枢的链接能力，还可以使用 "查找项目" 窗口搜索。所有链接都随 Autodesk Navisworks 文件一起保存，因此在模型更改时链接仍存在。默认情况下，用户定义的链接在 "场景视图" 中绘制为图标，链接可以指向各种数据源（如电子表格、网页、脚本、图形、音频和视频文件等，见图 4.13）。同时，利用先进的红线标示工具将标记添加到视点中，为视点添加可搜索的注释，通过记录动画漫游提供实时反馈，在模型加载过程中对设计进行导航；储存、组织和共享设计的相

机视图，然后导入图像或报告。一个对象可从多个锚点附加到它的链接，这对于
HBIM 而言具有特别重要的意义，HBIM 团队可以用完全可搜索的注释对观点进
行评论，追踪历史事件[30]。

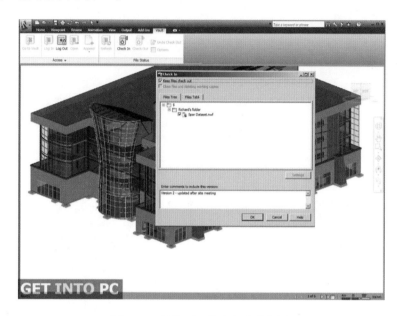

图 4.13　链接可以指向各种数据源

HBIM 团队定义的链接可归类于自定义链接类别，以适合 HBIM 的工作流
程，包括超链接、标签、视点、clash Detective、TimeLiner、集合、红线批注标
记。其中，TimeLiner 时间线的功能可强化 HBIM 的历史维度跟踪潜力，利用
TimeLiner 工具从各种来源导入模型，可以向 Autodesk Navisworks 中添加时间
维进行模拟，使用模型中的对象链接时间轴，基于模型的结果导出图像和动画，
使用户能够看到建筑生命周期在历史建筑模型上的时变效果（图 4.14）。

据此而言，Navisworks 的 HBIM 潜力表现在通过将模型几何图形与时间和
日期相关联来制定建筑各历史阶段的修缮计划或记录拆除进程，通过创建动态链
接模拟验证建造或拆除的顺序，从而支持验证建造流程或拆除流程的可行性；而
时间线结合历史建筑信息模型的阶段化功能，依据时间轴设定 TimeLiner 规则，
HBIM 对历史保护建筑每段历史的时间痕迹都可以记录，可完整串起 HBIM 特
定工作流下的时空单元和模型切片。

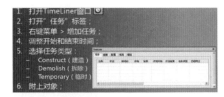

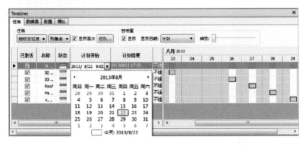

图 4.14　Navisworks 中 TimeLiner 功能

第 5 章
HBIM 族的创建

5.1 族的概念

Revit 是目前国内创建 HBIM 的主流软件，该软件中大量使用族的概念，这是 Revit 软件一个非常重要的构成要素，所有添加到 Revit Architecture 项目中的图元（从用于构成建筑模型的墙、屋顶、窗等结构构件到用于记录该模型的详图索引、装置、标记和构件详图）都是使用族创建的。正是因为族概念的引入，BIM 软件才可以实现参数化的设计。

Revit 族是一个包含通用属性（称作参数）集和相关图形表示的图元组。属于一个族的不同图元的部分或全部参数可能有不同的值，但是参数（其名称与含义）的集合是相同的。尽管这些族具有不同的用途且由不同的材质构成，但它们的用法却是相关的。Revit 族中的这些变体称作族类型或类别。例如，"结构柱"类别包含可用于创建不同预制混凝土柱、角柱和其他柱的族和族类型。在项目中使用特定族和族类型创建图元时，将创建该图元的一个实例。每个图元实例都有一组属性，从中可以修改某些与族类型参数无关的图元参数。

族的很多基本特性可用来组建和管理建筑模型，如在 Revit 中可以通过修改参数实现修改门窗族的宽度、高度或材质等。族分为内建族、系统族和可载入族等，其中内建族是指通过"内建模型"命令或"内建体量"命令创建的模型图元，一般是当前项目为专有的特殊构件所创建的族，不需要重复利用；而系统族则包含基本建筑图元，如创建建筑的墙、屋顶、天花板、楼板、窗、门等构件，以及其他要在施工场地使用的图元，也包括标高、轴网、图纸类型的项目和系统设置族，以及一些常规自定义的注释图元族，如符号和标题栏等，这些系统族已在 Revit 中预定义且保存在样板和项目中，而不是从外部文件中载入样板和项目中，具有高度可自定义的特征，可重复利用；可载入族则通过使用预定义的族和在 Revit Architecture 中创建新族，将标准图元和自定义图元添加到建筑模型中。Revit 模型通过族还可以对用法和行为类似的图元进行某种级别的控制，以有效地管理项目。当把完成的族载入项目中时，Revit 会根据初始选择的族模板所属的族类别归类到设计栏对应命令的类型选择器中。例如，创建框架梁类别的族，它将自动归类在"梁"命令中；创建窗族后，载入项目中，会自动确定其属于窗族类别并进行明细表统计[31]。

总体而言，Revit 中族的设计既有标准化的一面，也有开放性和灵活性的一面，在设计时可以自由定制符合设计需求的三维构件族注释符号等，从而满足中国建筑师应用 Revit 软件的本地化标准定制的需求。

在 HBIM 项目中非常重要的常用族概念还包括嵌套族和参数化族。

Revit 可以在族中载入其他族，被载入的族称为嵌套族。现有的族嵌套在其他族中，可以使嵌套族被多个族重复利用。通常嵌套命令创建复杂的参数化族，以便在项目中直接使用。可以将 A 族载入正在创建的 B 族，B 族在嵌套族时就可以在项目中直接使用。历史建筑中一些复杂构件的 BIM 创建经常可以是各类族的反复嵌套，如 Revit 中各种形制的斗拱族（图 5.1）。

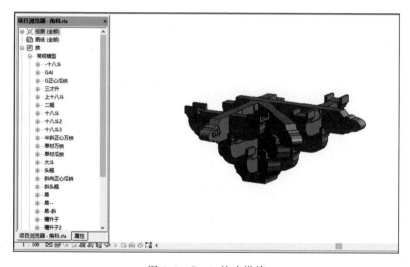

图 5.1　Revit 的斗拱族

在使用嵌套族时有必要确定是否选择"共享"选项：当一个族作为嵌套族被载入项目中，如果在创建族时选定了"共享"，那么它的可见性属性就是独立的。嵌套族也会出现在项目浏览器的相应类别里，因此同样可以在明细表中进行统计，故"共享"选项可以保留嵌套族的族类别和族样板的独立属性。通过关联族参数，可以在项目视图中控制主体族中嵌套族的参数。例如，主体族中的文字参数可以与多重嵌套族相关联。

嵌套族也允许控制实例参数或类型参数，但关联参数类型必须相同，如可将主体族参数与多个同一类型的嵌套族参数关联。在 Revit 中只要选择嵌套族，就可以将嵌套族和这种类型的参数关联，参数的关联可以反映出嵌套关系，实现不同的类型显示不同的嵌套族的效果（图 5.2）。

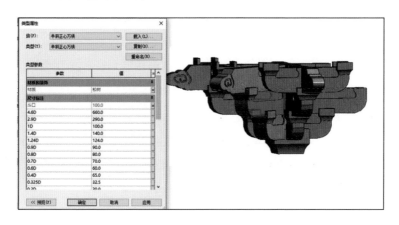

图 5.2　主体族和嵌套族关联的参数信息

参数化族包括标准参数化族和自定义参数化族。标准参数化族是将预先定义好的标准数据系列（如产品样本中针对不同型号产品给出的外形尺寸）作为驱动参数创建出来的族，每个族类型对应唯一的一个数据组，所有族类型均在同一模型基础上实现参数驱动。参数化族主要用于具有标准规格和尺寸的设备或构件族的创建。标准参数化族的参数驱动方式有两种：一种是使用数据文件进行参数驱动；另一种是将数据内置在族类型里直接驱动。采用数据文件进行参数驱动适用于族类型数量较多的族，便于数据的集中管理和模型调试，在标准参数化族的创建中应用较多；其缺点是使用该族时必须同时提供数据文件，并将数据文件复制至特定的文件夹，否则无法实现参数驱动。参数驱动数据文件格式一般有 .csv 和 .txt 文件。.csv 格式数据文件的优点是，可以实现族文件与多个 .csv 文件的对应关系，对不同 .csv 表格之间的关联数据进行查询、驱动。有多种方法可创建逗号分隔的 .txt 文件，如可以使用 Microsoft 记事本这样的文本编辑器输入，或者使用数据库或电子表格软件自动处理。常用的一种方法是在 Excel 表格中编辑 .csv 文件，然后把该文件的 ".csv" 的扩展名直接改成 .txt 即可。在 Excel 表格中编辑 .csv 格式的文件，然后将保存后的族文件扩展名改为 .txt，这样族类型文件就创建完毕，并放到和 rfa 文件相同的目录下。

相比标准参数化族，自定义参数化族在 HBIM 中应用场景更为灵活。在建筑信息模型中，如中国传统官式建筑，构件化和模数化特征决定了其适用于特定尺寸构件基础上的参数化设计，大木间架、面阔和檐高等主驱动参数决定的古建筑模型的基础作为主要影响因素，对门窗规格起着决定性作用，同时利用参数化门窗族即可快速生成相应的参数驱动数据文件格式，依靠驱动参数，系统可自动测算出其他相应规格，从而得出合适的构件数量，故自定义参数化族对特异性的需求针对性较强。

Revit 同时也开放了 API 帮助创建参数族，而当前 Revit 的图形化 Dynamo 插件的推出使得构建复杂族的难度和工作量都得到部分改善。将 Dynamo 图形转化成 Revit 自定义族，通常需要 SpringNodes 软件包 FamilyInstance.ByGeometry 节点的支持，其内部核心 Python Script 代码可在 GitHub 页面看到。通过这个节点可以将 Dynamo 转换成 Revit 的一个自定义族（图 5.3）。

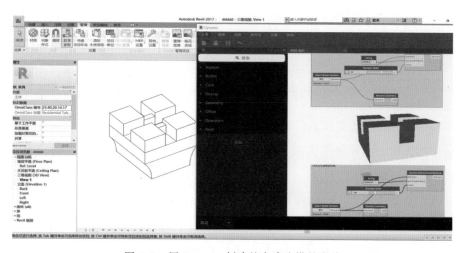

图 5.3　用 Dynamo 创建的古建斗拱的座斗

Revit 也提供了自适应族类型。对 HBIM 而言的 Revit 自适应族提供了强大的模型创建工具，可以满足 HBIM 中很多复杂场景的需求。在相关模型创建时需要时常修改模型，同时又希望在修改时保持模型之间的相互关系，这时通过自适应功能就可以处理构件需要灵活适应独特概念条件的情况。所创建的自适应构件可以随着被定义的主体的变化而产生相应的变化，如用"自适应公制常规模型.rft"的族样板可以创建自适应构件族（图 5.4），其默认的族类别为"常规模型"。也可以为自适应构件重新指定一个类别。

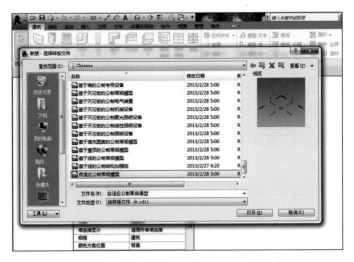

图 5.4   自适应构件族样板

这些构件族也可作为嵌套族载入概念体量族和填充图案构件族中，或直接载入项目文件中，或者被用来布置符合自定义限制条件的构件而生成的重复系统，或作为灵活的独立构件被应用。例如，在 HBIM 创建传统建筑民国时期屋盖造型时，自适应模型可用于处理较为复杂的填充图案模型，如筒瓦屋盖，通常可设置脊线边沿的自适应构件（图 5.5）。总之，在 Revit 中，可以通过族样板创建自适应构件，通过形状生成工具来创建各种形状，同时为 Revit 开放了 API 来创建自适应构件族，也可以用 API 来生成自适应构件对象，总体而言，构建复杂族的难度会有所降低。

族文件创建后，在实际环境和项目中使用时还需要进行规范性管理和测试，规范性管理包括族文件命名的规范管理、对族样板参数设置的管理和对视图与可见性设置的管理等[32]。族文件命名包括族命名、类型命名、参数命名等。参数类型包括族参数和共享参数，族参数又包括"实例"和"类型"两类。常用族参数除了常规的数学运算还有逻辑运算。参数设置中包括以下几个属性：文本型/数字型的基本属性；几何型/描述型/功能型的外部属性；确值型/值域型/函数型

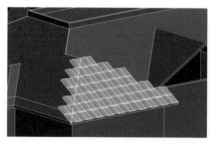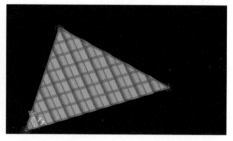

图 5.5 筒瓦屋盖自适应构件族填充

的内部属性等。共享参数则首先创建一个共享参数文件，把需要的参数添加进去，然后建族，建族后在每个族里添加需要的参数并指定参数类型，再把这些共享参数添加到族类型的参数里，并扩展应用到明细表和过滤器中。根据族文件所需的资料文档来源和历史建筑的信息特征，给族文件添加相应的材质参数，完成材质设置规范化管理。HBIM 还需要合理规范可见性参数的运用，为类型相同只是在形状上有少许不同的族的创建提供便利，这在 HBIM 古建 Revit 模型上有很多的应用场景，即通过设置族的可见性参数简化族的数量。

族文件创建后需要在项目环境中进行所创建族文件的测试，以确保在实际使用中的正确性，使其能在实际项目中有效发挥功能，并以一定的标准加以管理。测试过程[33]为：在已创建的项目文件中加载族文件，检查不同视图下族文件的显示和表现；改变族文件类型参数与系统参数设置，检查族文件参变性能，确保族文件在实际项目中具备稳定的参变性能；参照测试文档中的测试标准，对错误的项目逐一进行标注，完成测试报告，以便于接下来的文件修改（图 5.6）。

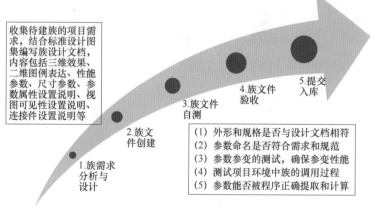

收集待建族的项目需求，结合标准设计图集编写族设计文档，内容包括三维效果、二维图例表达、性能参数、尺寸参数、参数属性设置说明、视图可见性设置说明、连接件设置说明等

1.族需求分析与设计

2.族文件创建

3.族文件自测

4.族文件验收

5.提交入库

(1) 外形和规格是否与设计文档相符
(2) 参数命名是否符合需求和规范
(3) 参数参变的测试，确保参变性能
(4) 测试项目环境中族的调用过程
(5) 参数能否被程序正确提取和计算

图 5.6 族文件测试流程

5.2 族库

族在 Revit 软件中是最基础也是最核心的内容，可以说 Revit 模型就是各种族的组合体。随着工程应用的增多，各专业的族越来越多，需要将验收通过的族文件经族库管理人员录入族库，族库的建立及管理就变得尤为重要。只有完善族库，才能极大地提高使用者的工作效率。

图 5.7～图 5.10 所示是常见的几类族库，提供了大量常用族供下载。

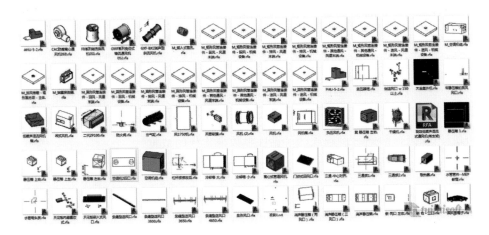

图 5.7 Autodesk 自带的族库

图 5.8 柏慕族库

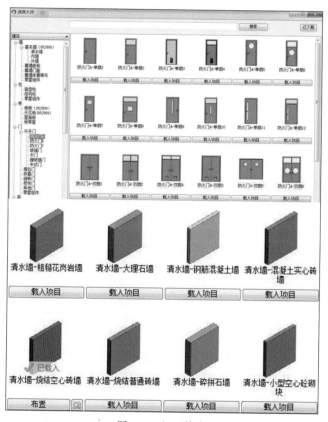

图 5.9　红瓦族库

图 5.10　易族库

对于团队完成的自建族，完善族库是一个循序渐进的过程。随着经历的项目越来越多，族库越来越完善，同时以前用过的族也会在使用过程中不断地改进，这样一个庞大的族库就逐渐形成，需要进行族库管理。理想化的族库管理模式见表 5.1[34]。

表 5.1　族库管理

族的管理	族应按专业、分类别进行管理保存，族的命名规则和入库审核均应有相关标准及程序
共享参数的管理	同类别的族之间有很多关联性，有很多相同共用的参数，即共享参数。共享参数以文本文件形式保存，通过共享参数为构件族添加项目编码、施工进度、运维等各类信息，满足施工与运维信息应用要求
类别配置	按照国标图集制作的系统族和普通族按建筑、结构、设备各系统分开，建筑与结构部分按材质再细分
云端服务	根据自己的业务需要，选择公有云服务器或者选择部署一个专属的私有云族库服务器，创建 HBIM 专用云族库，用云族库永久保存 HBIM 数据，为 HBIM 团队服务

图 5.11 显示了一个被完善管理的红瓦族库样例。按照国标图集制作的系统族和普通族按组列表，可实时更新。族储存在云端，包括了七大专业，可随时随地登录账号使用。红瓦族库独创了企业族库加密技术，能部署专属的私有云族库服务器上的云族库，这样的族库管理适用于 HBIM 资产保全。

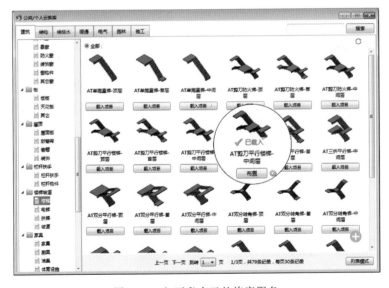

图 5.11　红瓦私有云的族库服务

5.3　族创建实例

当前 Revit 软件无论是自带的族库还是如柏慕、红瓦等外部族库，均未提供关于建筑和结构的修缮加固类族，而历史建筑涉及建筑的修缮加固改造时，其 HBIM 模型中不能缺少对各类加固措施的构造表达，需要通过自建族来完成（图 5.12）。

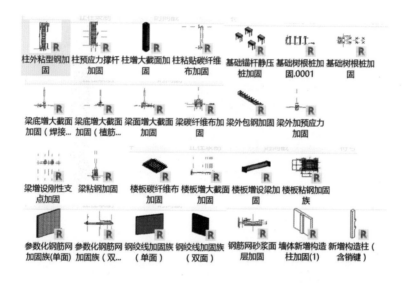

图 5.12　自建族库中的修缮加固构造族

本节所述实例描述了团队自建混凝土结构加固族的创建过程。

5.3.1　钢筋混凝土楼板加固

1. 楼板粘钢加固

首先创建钢板族。打开 Autodesk Revit 2014，选择新建族，选择公制常规模型。进入创建界面后，按照需求绘制参照平面，依据参照平面创建拉伸实体并锁定相应的参照平面。采用对齐尺寸标注，对钢板的长度、宽度及厚度进行标注，然后找到标签选项，选择添加参数，输入相应的参数名称，勾选类型选项，确认完成参数标注。此外，打开族类型，添加参数"钢板材质"，选中拉伸实体，在属性面板中将其材质关联到所创建的参数。钢板的三维视图如图 5.13 所示。

图 5.13　钢板的三维视图

创建胶锚螺栓族，选择基于面的公制常规模型。按照需求绘制参照平面，依据参照平面创建拉伸实体并锁定相应的参照平面。采用对齐尺寸标注，对螺栓的各类参数进行标注，并添加参数，将材质进行关联。螺栓平面设计如图 5.14 所示，三维视图如图 5.15 所示，具体参数设定如图 5.16 所示。

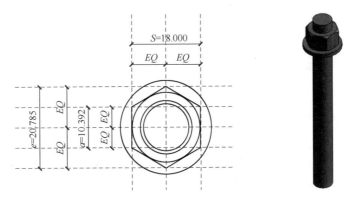

图 5.14　螺栓平面设计　　　　　　图 5.15　螺栓三维视图

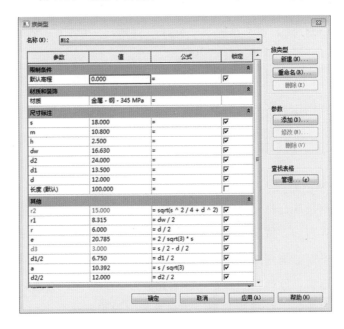

图 5.16　螺栓族参数设定

对螺栓族采用两种表格控制参数方式：第一种是采用 txt 逗号分隔符，在同一个文件夹下创建 .txt 文本，如图 5.17 所示，名称与族名称相同，当载入螺栓族时可以指定多个或全部类型；第二种是采用 csv 逗号分隔符，通过创建 Excel 文件另存为 .csv 格式，如图 5.18 所示，并将参数一一使用公式调用，当载入螺栓族时将表格文件导入族中即可，查找表格公式如图 5.19 所示。

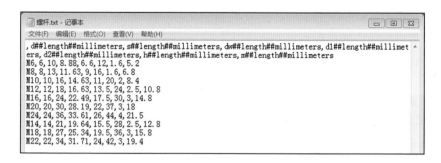

图 5.17　螺栓采用 txt 逗号分隔符控制参数

	A	B	C	D	E	F	G	H	I	J
1		d##length	s##length	dw##length	d1##length	d2##length	h##length	m##length##millimeters		
2	M6	6	10	8.88	6.6	12	1.6	5.2		
3	M8	8	13	11.63	9	16	1.6	6.8		
4	M10	10	16	14.63	11	20	2	8.4		
5	M12	12	18	16.63	13.5	24	2.5	10.8		
6	M16	16	24	22.49	17.5	30	3	14.8		
7	M20	20	30	28.19	22	37	3	18		
8	M24	24	36	33.61	26	44	4	21.5		
9	M14	14	21	19.64	15.5	28	2.5	12.8		
10	M18	18	27	25.34	19.5	36	3	15.8		
11	M22	22	34	31.71	24	42	3	19.4		

图 5.18　螺栓采用 csv 逗号分隔符控制参数

创建钢筋混凝土楼板粘钢加固族。同样新建族，选择公制常规模型，按照楼板的形状绘制参照平面，并采用对齐尺寸标注，对楼板的长度、宽度及厚度进行标注，然后找到标签选项，选择添加参数，输入相应的参数名称，勾选实例选项，确认完成参数标注。将之前创建的钢板族载入此族中，首先添加板面左侧支座负弯矩区的粘钢板。创建构件，在属性面板选择编辑类型，复制类型，修改类型名称为"板顶左粘钢板"，并将钢板材质和长、宽、厚关联到相应的族参数。然后将钢板与相应的参照平面对齐并锁定，采用阵列命令，勾选成组并关联，移动到最后一个，并将最后一个图元与相应的参照平面锁定，选择阵列个数，找到标签，添加参数"短跨粘钢板个数"。接下来以同样的方式创建楼板另外三侧支

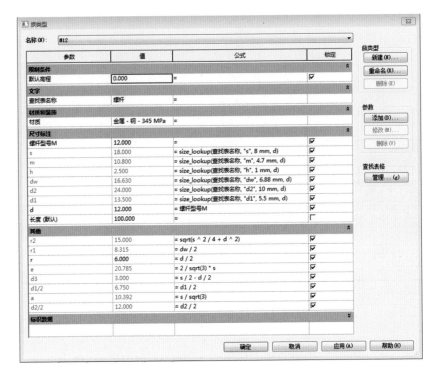

图 5.19　螺栓族查找表格参数设定

座负弯矩区的粘钢板以及板底长、短跨方向的粘钢板。打开族类型，输入相关的参数公式，以满足条件。将胶锚螺栓族载入此族中，绘制参照平面进行定位，并添加控制参数，输入参数公式。采用阵列命令，勾选成组并关联，移动到最后一个，并将最后一个图元锁定在相应的参照平面，选择阵列个数。以板顶左侧支座负弯矩区钢板上的胶锚螺栓为例，其个数与钢板个数相同，直接选择参数"短跨粘钢板个数"。以相同方式完成其余胶锚螺栓的绘制。楼板粘钢加固的立面设计如图 5.20 所示，平面设计如图 5.21 所示，具体的参数设定如图 5.22 所示，三维视图如图 5.23 所示。

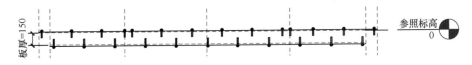

图 5.20　楼板粘钢加固立面设计

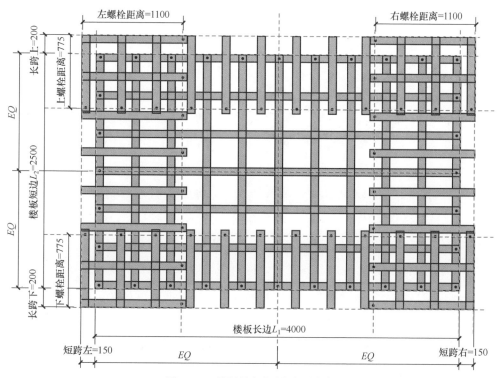

图 5.21　楼板粘钢加固平面设计

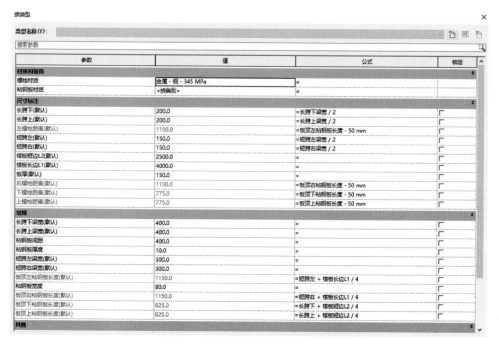

图 5.22　楼板粘钢加固参数设定

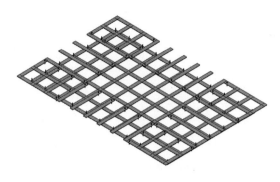

图 5.23　楼板粘钢加固三维视图

2. 楼板碳纤维布加固

创建现浇双向钢筋混凝土楼板碳纤维布加固族。新建族，选择公制常规模型，按照楼板和梁的形状绘制参照平面，并采用对齐尺寸标注，对楼板的长度、宽度及厚度进行标注，添加参数。将之前创建的钢板族载入此族中，然后选择创建构件，在属性面板选择编辑类型，复制类型，修改类型名称为"碳纤维布"，并将钢板的材质和长、宽、厚等参数关联到相应的碳纤维布族参数。绘制控制碳纤维位置的参照平面，将构件与相应的参照平面对齐并锁定，采用阵列命令完成一个方向的创建。以相同方式完成全部板顶及板底的碳纤维布的创建。楼板碳纤维布加固的参数设定如图 5.24 所示，平面设计如图 5.25 所示，立面设计如图 5.26 所示，三维视图如图 5.27 所示。

参数	值	公式	锁定
材质和装饰			
碳纤维布	碳纤维	=	
尺寸标注			
支座碳纤维布长度（左）（默认）	1150.0	=板边到梁中心距离（左）＋板长／4	□
碳纤维布间距	400.0	=	□
碳纤维布宽度	100.0	=	□
碳纤维布厚度	10.0	=	□
碳纤维布压条宽度	150.0	=	□
碳纤维布到板边的距离（默认）	475.0	=碳纤维布压条宽度／2＋碳纤维布间距	□
梁宽（前）（默认）	300.0	=	□
梁宽（后）（默认）	300.0	=	□
板长（默认）	4000.0	=	□
板边到梁中心距离（左）（默认）	150.0	=梁宽（左）／2	□
板边到梁中心距离（后）（默认）	150.0	=梁宽（后）／2	□
板边到梁中心距离（右）（默认）	150.0	=梁宽（右）／2	□
板边到梁中心距离（前）（默认）	150.0	=梁宽（前）／2	□
板宽（默认）	3000.0	=	□
板厚（默认）	150.0	=	□
梁宽（左）（默认）	300.0	=	□
梁宽（右）（默认）	300.0	=	□
支座碳纤维布长度（后）（默认）	900.0	=板边到梁中心距离（后）＋板长／4	□
支座碳纤维布长度（右）（默认）	1150.0	=板边到梁中心距离（右）＋板长／4	□
支座碳纤维布长度（前）（默认）	900.0	=板边到梁中心距离（前）＋板宽／4	□
其他			
长边方向碳纤维布个数（默认）	6	=（板宽－2＊碳纤维布到板边的距离）／碳纤维布间距＋1	□
支座长方向碳纤维布个数（默认）	7	=板宽／碳纤维布间距－1	□
短边方向碳纤维布个数（默认）	9	=（板长－2＊碳纤维布到板边的距离）／碳纤维布间距＋1	□
支座短边方向碳纤维布个数（默认）	9	=板长／碳纤维布间距－1	□

图 5.24　楼板碳纤维布加固参数设定

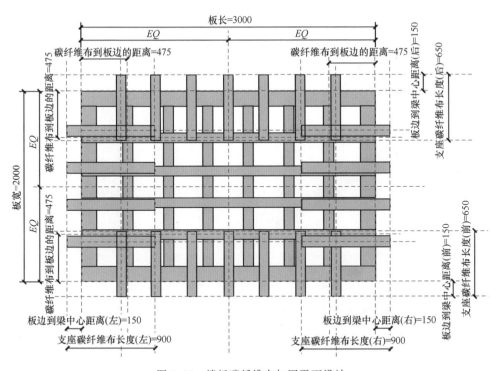

图 5.25　楼板碳纤维布加固平面设计

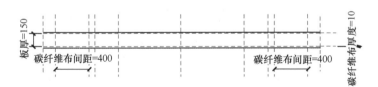

图 5.26　楼板碳纤维布加固立面设计

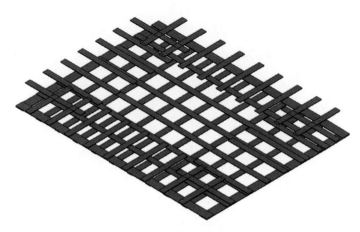

图 5.27　楼板碳纤维布加固三维视图

3. 楼板增大截面加固

首先创建钢筋及植筋族。钢筋及植筋的三维视图分别如图 5.28 和图 5.29 所示。

图 5.28　钢筋的三维视图　　　　图 5.29　植筋的三维视图

然后创建现浇楼板增大截面加固族。新建族，选择公制常规模型，按照楼板形状绘制参照平面，对楼板的长度和宽度进行标注，并添加参数。将之前创建的钢筋族载入此族中，分别创建长度方向和宽度方向的钢筋，并关联相应的族参数，采用阵列命令完成钢筋的绘制，输入钢筋个数的公式。载入植筋族，绘制控制植筋位置的参照平面，创建植筋构件，关联族参数，对齐并锁定到相应的参照平面，采用阵列命令完成梅花形的植筋布置。最后通过拉伸命令创建新增混凝土。楼板增大截面加固的参数设定如图 5.30 所示，平面设计如图 5.31 所示，立面设计如图 5.32 所示，三维视图如图 5.33 所示。

4. 楼板增设型钢梁加固

创建现浇楼板增设型钢梁加固族。新建族，选择公制常规模型，按照楼板形状绘制参照平面，对楼板的长度和宽度进行标注，并添加参数。绘制参照平面用于控制端钢板、短角钢、H 型钢及胶锚螺栓的位置，通过拉伸命令创建端钢板及短角钢，与相应的参照平面对齐并锁定参照平面。载入 H 型钢，指定多个常用类型，创建构件，关联相应的族参数，并对 H 型钢添加族类型参数。载入之前创建的螺栓族，创建构件，与相应的参照平面对齐并锁定参照平面。楼板增设型钢梁加固的参数设定如图 5.34 所示，立面设计如图 5.35 所示，平面设计如图 5.36 所示，三维视图如图 5.37 所示。

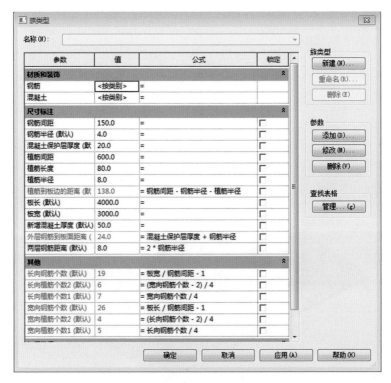

图 5.30　楼板增大截面加固参数设定

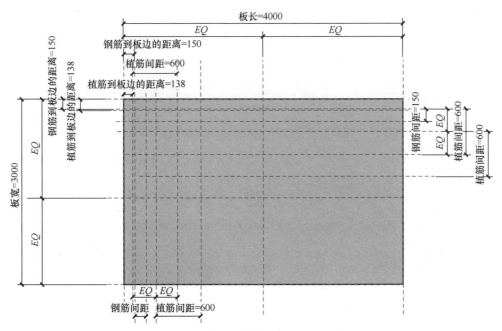

图 5.31　楼板增大截面加固平面设计

图 5.32　楼板增大截面加固立面设计

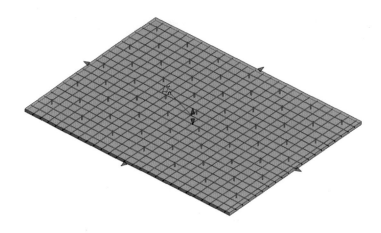

图 5.33　楼板增大截面加固三维视图

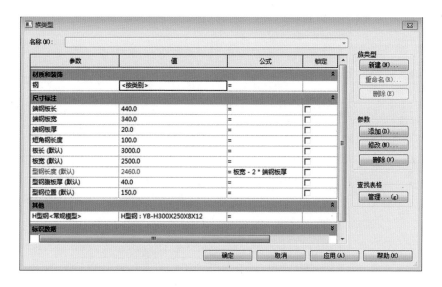

图 5.34　楼板增设型钢梁加固参数设定

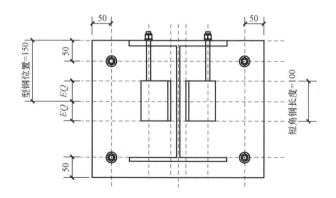

图 5.35　楼板增设型钢梁加固立面设计

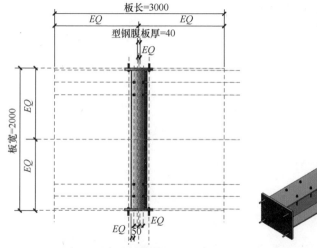

图 5.36　楼板增设型钢梁加固平面设计

图 5.37　楼板增设型钢梁加固三维视图

5.3.2　钢筋混凝土梁加固

1. 梁粘钢加固

首先创建箍板族，利用拉伸命令完成实体绘制，并给箍板各个尺寸添加类型参数。箍板族三维视图如图 5.38 所示。

然后创建框架梁正截面粘钢加固族。新建公制常规模型，按照楼板和框架梁的形状绘制参照平面，采用对齐尺寸标注，对楼板厚度及框架梁的长度、宽度

图 5.38　箍板族三维视图

和高度进行标注，并添加参数。将之前所创建的钢板族载入此族中，分别创建框架梁左侧和右侧的粘钢板，与相应的参照平面对齐并锁定，并将钢板材质和长、宽、厚关联到相应的族参数。载入创建的箍板族，关联相应的族参数，与控制箍板位置的参照平面对齐并锁定。接下来将之前所创建的胶锚螺栓族载入此族中，选定所有类型，创建螺栓构件，选择 M10 胶锚螺栓，与参照平面对齐并锁定，对所有的螺栓添加族类型参数。框架梁正截面粘钢加固的参数设定如图 5.39 所示，平面设计如图 5.40 所示，立面设计如图 5.41 所示，三维视图如图 5.42 所示。

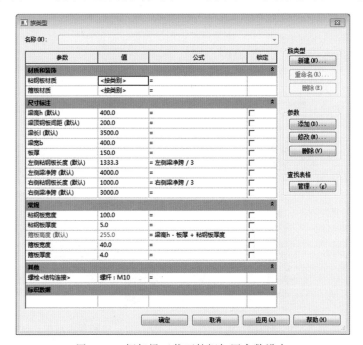

图 5.39　框架梁正截面粘钢加固参数设定

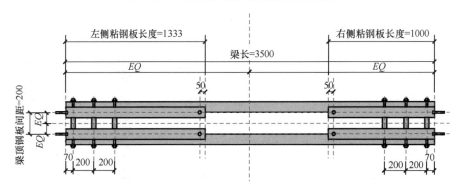

图 5.40　框架梁正截面粘钢加固平面设计

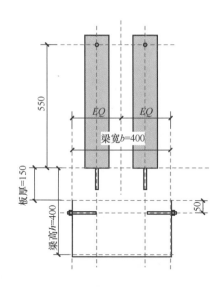

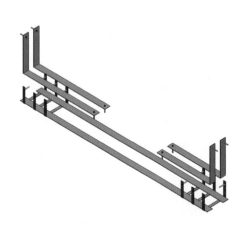

图 5.41　框架梁正截面粘钢加固立面设计　　图 5.42　框架梁正截面粘钢加固三维视图

2. 梁碳纤维布加固

　　首先创建碳纤维布 U 形箍族，利用拉伸命令完成实体绘制，并对其各个尺寸和材质添加类型参数。U 形箍族三维视图如图 5.43 所示。

　　然后创建连续次梁正截面碳纤维布加固族。新建公制常规模型，按照楼板和梁的形状绘制参照平面，采用对齐尺寸标注，对楼板厚度及梁的长度、宽度和高度进行标注，并添加参数。将碳纤维布 U 形箍族载入此族中，创建构件，与相应的参照平面对齐并锁定，将 U 形箍的材质和高、宽、厚关联到相应的族参数。通过拉伸命令创建碳纤维布压条以及板面和梁底的碳纤维布。

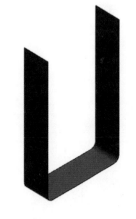

图 5.43　碳纤维布 U 形箍族三维视图

连续次梁正截面碳纤维布加固的参数设定如图 5.44 所示，立面设计如图 5.45 所示，三维视图如图 5.46 所示。

3. 梁增大截面加固

　　新建基于面的公制常规模型，采用拉伸命令分别创建钢筋、U 形钢筋箍、箍筋族，三维视图分别如图 5.47～图 5.49 所示。

图 5.44　连续次梁正截面碳纤维布加固参数设定

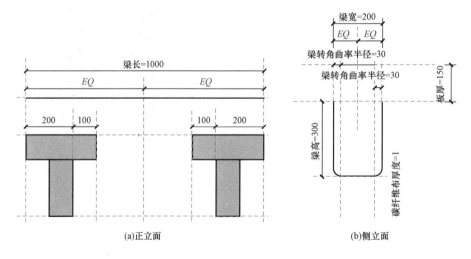

(a)正立面　　　　　　　　　(b)侧立面

图 5.45　连续次梁正截面碳纤维布加固立面设计

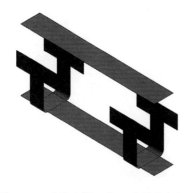

图 5.46　连续次梁正截面碳纤维布加固
三维视图

图 5.47　钢筋三维视图

图 5.48　U 形钢筋箍三维视图

图 5.49　箍筋族三维视图

（1）梁底增大截面加固（焊接）

新建族，选择公制常规模型，绘制参照平面用于确定梁的尺寸、新增 U 形钢筋箍、纵向受力钢筋的位置及混凝土的厚度。载入 U 形钢筋箍，锁定到控制位置的参照平面，关联相应的族参数，采用阵列命令完成绘制。载入钢筋族，锁定到控制其位置的参照平面，关联相应的族参数。采用拉伸命令创建新增混凝土部分。梁底增大截面加固（焊接）的参数设定如图 5.50 所示，立面设计如图 5.51 所示，三维视图如图 5.52 所示。

（2）梁底增大截面加固（植筋连接）

创建过程同上，主要区别在于箍筋的形式不同。箍筋与原结构采用植筋连接，并且与受力钢筋的位置关系不同，控制受力钢筋的位置参数公式比较复杂。

图 5.50 梁底增大截面加固（焊接）参数设定

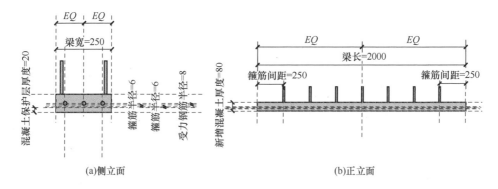

(a)侧立面

(b)正立面

图 5.51 梁底增大截面加固（焊接）立面设计

具体参数设定如图 5.53 所示，立面设计、平面设计及三维视图分别如图 5.54～图 5.56 所示。

（3）梁面增大截面加固

创建过程同上，主要区别在于箍筋在梁左右两侧各有一段加密区，需分别采用阵列命令完成绘制。具体参数设定如图 5.57 所示，立面设计如图 5.58 所示，三维视图如图 5.59 所示。

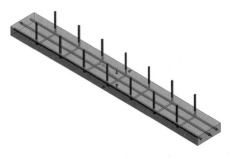

图 5.52　梁底增大截面加固（焊接）
三维视图

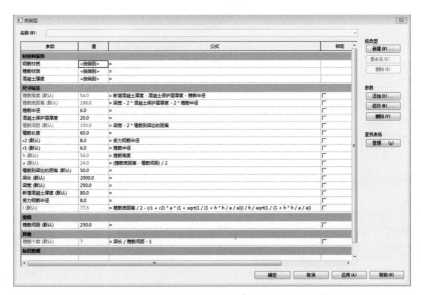

图 5.53　梁底增大截面加固（植筋连接）参数设定

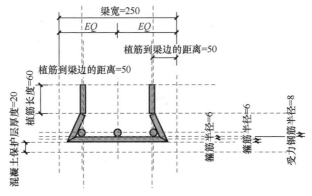

图 5.54　梁底增大截面加固（植筋连接）立面设计

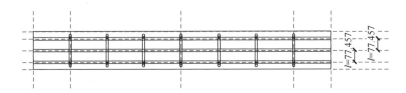

图 5.55　梁底增大截面加固（植筋连接）平面设计

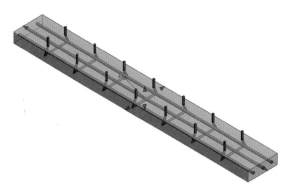

图 5.56　梁底增大截面加固（植筋连接）三维视图

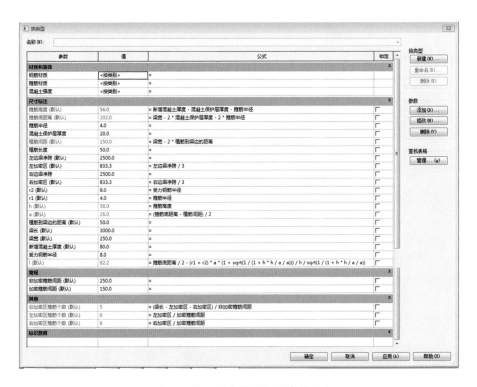

图 5.57　梁面增大截面加固参数设定

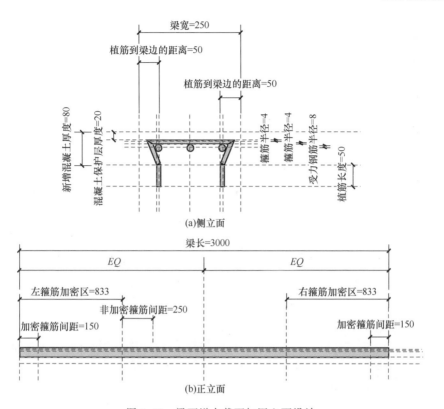

图 5.58　梁面增大截面加固立面设计

图 5.59　梁面增大截面加固三维视图

4. 梁增设支点加固

　　创建预埋螺栓族，选择基于面的公制常规模型。按照需求绘制参照平面，依据参照平面创建拉伸实体并锁定相应的参照平面，采用对齐尺寸标注，对螺栓的各类参数进行标注，添加参数，将材质进行关联。预埋螺栓 M22 的三维视图如图 5.60 所示。

图 5.60 预埋螺栓 M22 的三维视图

创建梁增设刚性支点加固族。新建族，选择公制常规模型，绘制参照平面用于确定梁的尺寸，并完成参数标注。采用拉伸命令创建钢管柱，对其材质、高度、内径和外径添加类型参数。采用拉伸命令创建套钢板，利用空心拉伸创建连接螺栓的螺孔，将空心拉伸与套钢板外边缘对齐并锁定。载入 Revit 自带的普通 A 级六角头螺栓，安置在套钢板螺孔处，通过与参照平面对齐并锁定控制其位置。通过拉伸命令创建钢管柱的钢底板，载入先前创建的预埋螺栓 M22，放置在钢底板上，同样通过与参照平面对齐并锁定控制其位置。梁增设刚性支点加固的参数设定如图 5.61 所示，立面设计如图 5.62 所示，三维视图如图 5.63 所示。

图 5.61 梁增设刚性支点加固参数设定

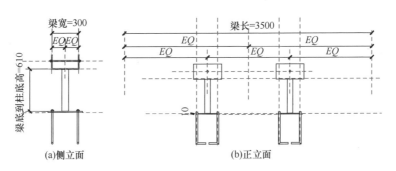

(a)侧立面   (b)正立面

图 5.62 梁增设刚性支点加固立面设计

5. 梁外包钢加固

创建梁外包钢加固族。新建族，选择公制常规模型，绘制参照平面用于确定梁的尺寸，并完成参数标注。采用拉伸命令创建梁底通长角钢，对其材质、边长和厚度添加类型参数。载入之前创建的钢板，创建构件，编辑类型，复制为梁底缀板，将其材质和长度、宽度、厚度一一与缀板各参数相关联，放置第一个缀板，将其与相应的参照平面对齐并锁定，然后采用阵列命令分别创建加密区和非加密区的全部缀板，添加参数，输入计算公式。阵列时，将第二个添加的缀板与对

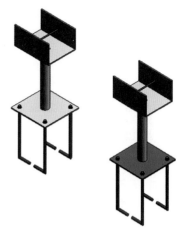

图 5.63　梁增设刚性支点加固
三维视图

应的参照平面对齐并锁定。同样地，创建构件，编辑类型，复制为垫板，将各参数相关联，利用阵列命令完成垫板的绘制，给阵列个数添加参数，在标签下拉列表中选择相应的缀板个数。载入之前创建的螺栓族，选定所有类型，创建构件，将螺杆安置在相应的位置，通过与参照平面对齐并锁定控制其位置。选中螺杆，添加族类型参数，重复之前的阵列命令，完成全部螺杆的绘制。梁外包钢加固的参数设定如图 5.64 所示，平面设计如图 5.65 所示，立面设计如图 5.66 所示，三维视图如图 5.67 所示。

图 5.64　梁外包钢加固参数设定

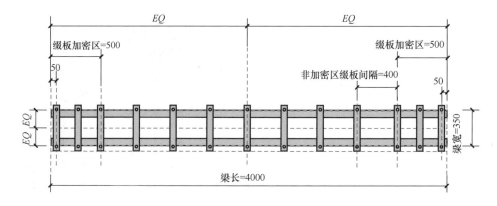

图 5.65　梁外包钢加固平面设计

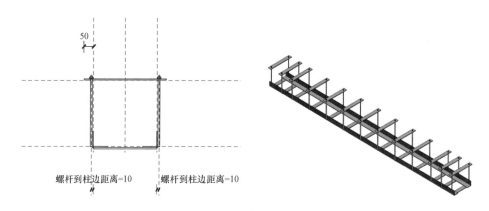

图 5.66　梁外包钢加固立面设计　　　　图 5.67　梁外包钢加固三维视图

6. 梁预应力水平拉杆加固

创建梁预应力水平拉杆加固族。新建族，选择公制常规模型，绘制参照平面用于确定梁的尺寸，并完成参数标注。采用拉伸命令创建梁宽度方向的钢板和垫块，分别对其材质和长度、宽度、厚度添加类型参数。采用放样命令创建植筋和梁底预应力筋，绘制参照平面控制其位置。创建螺栓族，创建构件，将螺栓安置在钢板上，并与参照平面对齐、锁定，选择所有的螺栓，添加族类型参数。通过放样命令绘制预应力筋中点处的弯钩螺栓和 L 形卡板，绘制参照平面控制其位置，并添加形状控制参数。梁预应力水平拉杆的参数设定如图 5.68 所示，立面设计如图 5.69 所示，三维视图如图 5.70 所示。

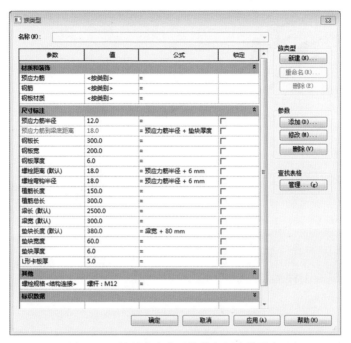

图 5.68　梁预应力水平拉杆加固参数设定

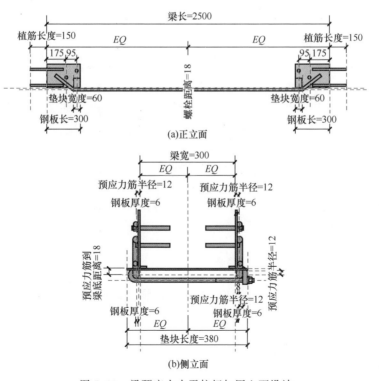

(a)正立面

(b)侧立面

图 5.69　梁预应力水平拉杆加固立面设计

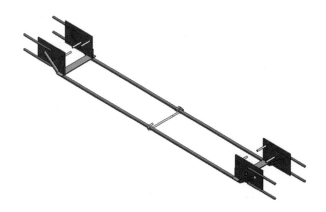

图 5.70　梁预应力水平拉杆加固三维视图

5.3.3　钢筋混凝土柱加固

1. 柱增大截面加固

首先创建箍筋族和箍植筋族，新建基于面的公制常规模型，利用放样命令完成族的创建，对构件进行参数标注。箍筋和箍植筋的三维视图分别如图 5.71和图 5.72 所示。

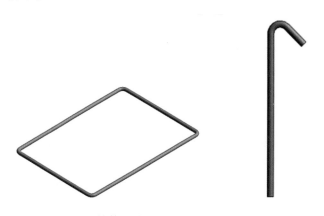

图 5.71　箍筋三维视图　　　　图 5.72　箍植筋三维视图

创建柱增大截面加固族。新建族，选择公制常规模型，绘制参照平面用于确定被加固柱的尺寸及加固后柱的尺寸，并完成参数标注。载入之前创建的钢筋族，创建构件，复制为纵筋，关联相应的族参数，将纵筋安置在相应的位置，与参照平面对齐并锁定，利用阵列命令完成柱全部纵筋的绘制。载入箍筋族，创建构件，关联相应的族参数，利用阵列命令分别完成加密区和非加密区箍筋的绘制，对阵列个数添加参数并输入公式。载入箍植筋族，创建构件，关联相应的族参数，放置构件，与控制其位置的参照平面对齐并锁定，采用阵列命令完成箍植筋的绘制。最后利用拉伸命令绘制新增混凝土，完成参数标注。柱增大截面加固的参数设定如图 5.73 所示，平面设计如图 5.74 所示，立面设计如图 5.75 所示，三维视图如图 5.76 所示。

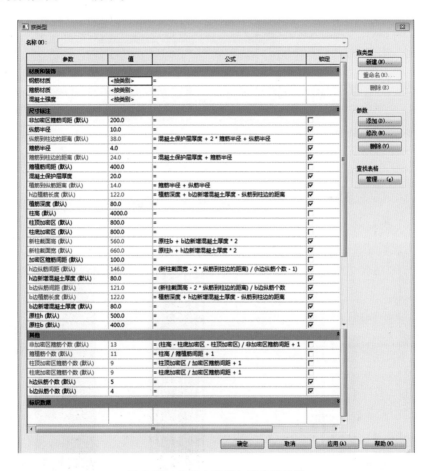

图 5.73　柱增大截面加固参数设定

2. 柱外粘型钢加固

以轴压、小偏心受压中层柱为例。

首先创建加劲角钢族。新建基于面的公制常规模型，利用拉伸命令完成族的创建，对构件进行参数标注。加劲角钢的三维视图如图 5.77 所示。

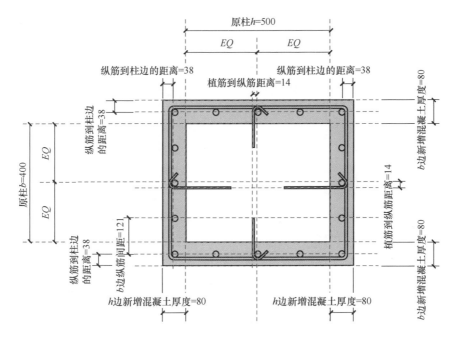

图 5.74　柱增大截面加固平面设计

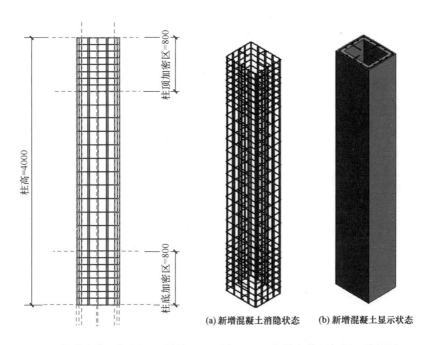

图 5.75　柱增大截面加固立面设计　　图 5.76　柱增大截面加固三维视图

创建柱外粘型钢加固族。新建族，选择公制常规模型，绘制参照平面用于确定被加固柱的尺寸，并完成参数标注。采用拉伸命令创建柱外粘的角钢，并对其添加参数标注。载入之前创建的钢板族，创建构件，复制类型为缀板，关联相应的族参数，将缀板安置在相应的位置，与参照平面对齐并锁定，分别利用阵列命令完成柱加密区和非加

图 5.77　加劲角钢三维视图

密区缀板的绘制，对阵列个数添加参数并输入公式。载入加劲角钢族，创建构件，复制类型为柱底加劲角钢，关联加劲角钢相应的族参数，将其放置在柱底四边的位置；创建构件，复制类型为梁底加劲角钢，关联相应的族参数，并安置在相应的位置。载入之前创建的螺栓族，创建构件，关联相应的族参数，放置构件，与控制其位置的参照平面对齐并锁定。柱外粘角钢加固的参数设定如图 5.78 所示，平面设计如图 5.79 所示，立面设计如图 5.80 所示，三维视图如图 5.81 所示。

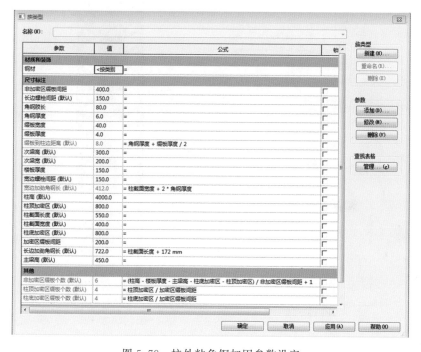

图 5.78　柱外粘角钢加固参数设定

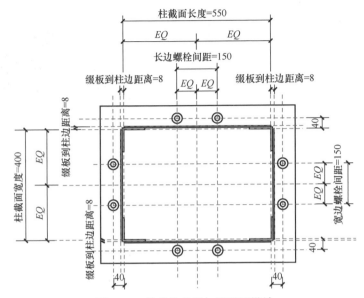

图 5.79　柱外粘角钢加固平面设计

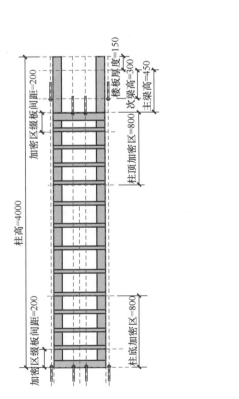

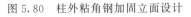

图 5.80　柱外粘角钢加固立面设计　　图 5.81　柱外粘角钢加固三维视图

3. 柱预应力撑杆加固

创建柱双侧预应力撑杆加固族。新建族，选择公制常规模型，绘制参照平面用于确定被加固柱的尺寸，并完成参数标注。采用拉伸命令创建柱四角的角钢撑杆，并对其添加参数标注。采用空心拉伸命令绘制角钢侧立肢上的三角形缺口，将缺口的位置与角钢边缘对齐并锁定。载入之前创建的钢板族，创建构件，复制类型为柱长边缀板，关联相应的族参数，将缀板安置在相应的位置，与参照平面对齐并锁定，利用阵列命令完成柱长边缀板的绘制，对阵列个数添加参数并输入公式。然后采用同样的方式完成柱宽边方向缀板的绘制。在三角形缺口处，利用钢板族分别复制类型为补强钢板和加宽箍板，关联相应的族参数，放置在缺口处。压肢杆末端的传力顶板也是利用钢板族复制类型创建的，承压角钢采用拉伸命令绘制，并对其尺寸和位置添加参数标注。柱双侧预应力撑杆加固的参数设定如图 5.82 所示，平面设计如图 5.83 所示，立面设计如图 5.84 所示，三维视图如图 5.85 所示。

图 5.82　柱双侧预应力撑杆加固参数设定

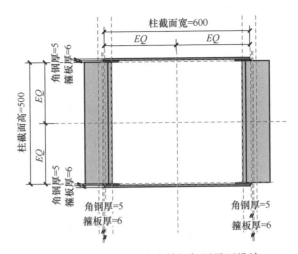

图 5.83　柱双侧预应力撑杆加固平面设计

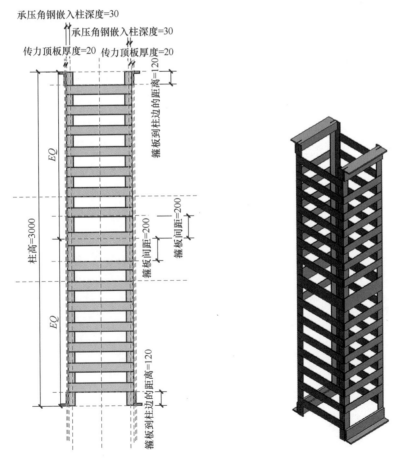

图 5.84　柱双侧预应力撑杆加固立面设计　　图 5.85　柱双侧预应力撑杆加固三维视图

4. 柱粘贴碳纤维布加固

以大偏心受压柱碳纤维布加固为例。创建柱碳纤维布加固族。新建族,选择公制常规模型,绘制参照平面用于确定被加固柱的尺寸,并完成参数标注。采用放样命令创建柱受拉端的碳纤维布,并对其添加参数标注。采用放样命令绘制柱端部的碳纤维布环向箍,与相应的参照平面对齐并锁定,以控制其位置。载入之前创建的螺栓族,选定全部类型,将其安置在相应的位置,并与参照平面对齐、锁定,对所有的螺栓添加族类型参数。柱粘贴碳纤维布加固的参数设定如图 5.86 所示,平面设计如图 5.87 所示,立面设计如图 5.88 所示,三维视图如图 5.89 所示。

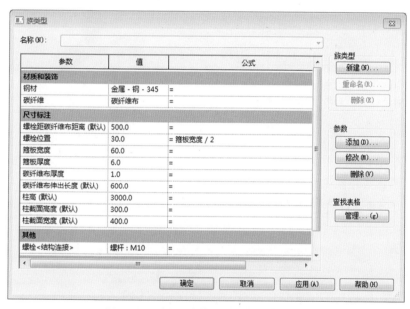

图 5.86　柱粘贴碳纤维布加固参数设定

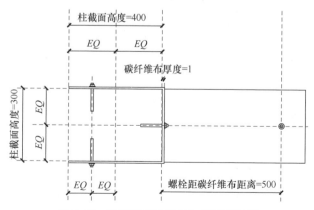

图 5.87　柱粘贴碳纤维布加固平面设计

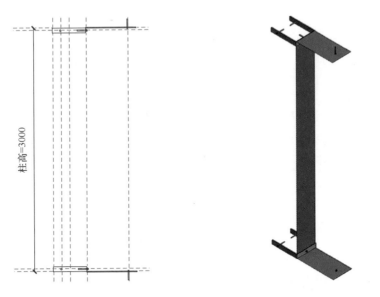

图 5.88　柱粘贴碳纤维布加固立面设计　　图 5.89　柱粘贴碳纤维布加固三维视图

5.3.4　地基基础加固

1. 基础锚杆静压桩加固

首先创建锚杆族。锚杆参数设定如图 5.90 所示，平面设计如图 5.91 所示，三维视图如图 5.92 所示。

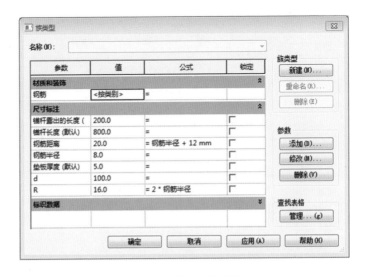

图 5.90　锚杆参数设定

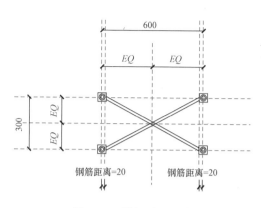

图 5.91 锚杆平面设计

图 5.92 锚杆三维视图

然后创建基础锚杆静压桩加固族，绘制参照平面控制基础承台的平、立面尺寸，添加参数标注。载入锚杆族，创建构件，关联锚杆相应的族参数，将锚杆安置在相应的位置，与相应的参照平面对齐并锁定。采用拉伸命令创建压桩孔混凝土，并添加参数标注。基础锚杆静压桩加固的参数设定如图 5.93 所示，平面设计如图 5.94 所示，立面设计如图 5.95 所示，三维视图如图 5.96 所示。

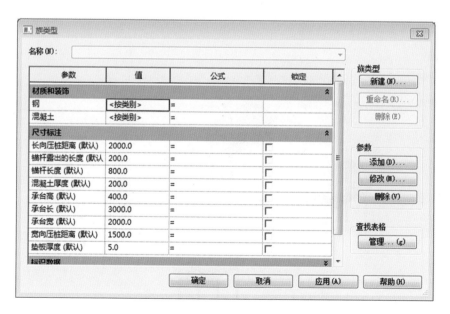

图 5.93 基础锚杆静压桩加固参数设定

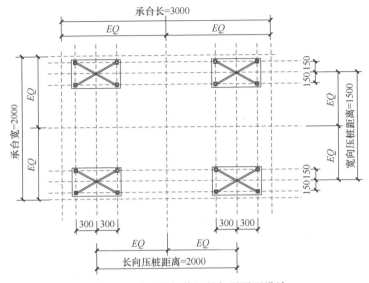

图 5.94　基础锚杆静压桩加固平面设计

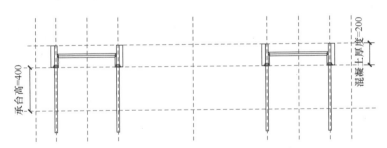

图 5.95　基础锚杆静压桩加固立面设计

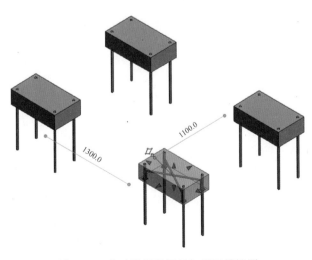

图 5.96　基础锚杆静压桩加固三维视图

2. 基础树根桩加固

首先创建交叉植筋族和环形箍筋族，三维视图分别如图 5.97 和图 5.98 所示。

图 5.97　交叉植筋三维视图　　　　图 5.98　环形箍筋三维视图

接着创建树根桩族。新建公制常规模型，载入之前创建的钢筋族，创建构件，关联钢筋的族参数，选择环向阵列命令，修改阵列角度为 360°，为阵列个数和阵列半径添加类型参数标注。载入环形箍筋族，关联箍筋的族参数，放置箍筋，与参照平面对齐并锁定，采用阵列命令完成钢筋笼箍筋的绘制，对阵列个数添加参数并输入公式计算。最后采用拉伸命令创建混凝土柱的部分，完成树根桩的绘制。树根桩的参数设定如图 5.99 所示，平面设计如图 5.100 所示，立面设计如图 5.101 所示，三维视图如图 5.102 所示。

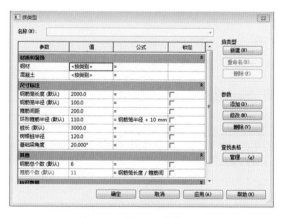

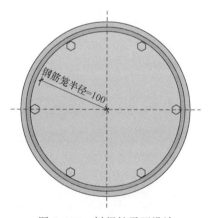

图 5.99　树根桩参数设定　　　　　　图 5.100　树根桩平面设计

然后创建基础树根桩加固族。新建公制常规模型，载入交叉植筋族，创建构件，关联相应的族参数，将交叉植筋安置在相应的位置，与相应的参照平面对齐并锁定。载入树根桩族，创建构件，关联相应的族参数，安置在交叉植筋下，与相应的参照平面对齐并锁定。基础树根桩加固的参数设定如图 5.103 所示，平面设计如图 5.104 所示，立面设计如图 5.105 所示，三维视图如图 5.106 所示。

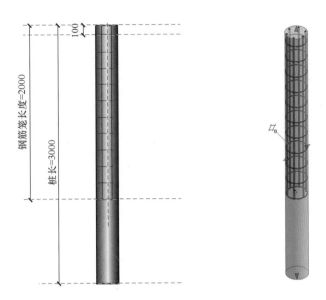

图 5.101　树根桩立面设计　　　　图 5.102　树根桩三维视图

图 5.103　基础树根桩加固参数设定

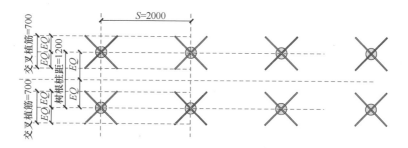

图 5.104　基础树根桩加固平面设计

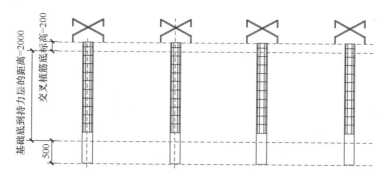

图 5.105　基础树根桩加固立面设计

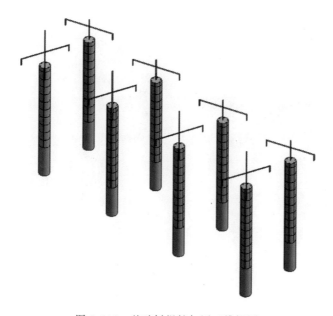

图 5.106　基础树根桩加固三维视图

第 6 章
历史建筑 BIM 建模实例*

6.1 南京招商局旧址办公楼

南京招商局旧址办公楼坐落在历史文化古城南京市下关区江边路 24 号。1873 年清政府在上海成立招商局，1899 年在南京下关设立分局。现南京招商局旧址办公楼为民国时期所建，建成年代为 1947 年，距今已有 70 多年的历史。由于其造型似一艘扬帆远航的巨轮，俗称船型大厦（图 6.1）。设计者为基泰工程司的著名建筑师杨廷宝（图 6.2）。建筑坐东朝西，西面长江，为钢筋混凝土四层框架结构，初期设计底层设为售票、候船及库房，中部两层为业务办公用房和宿舍，顶层为电报、电话及俱乐部，是南京作为近代开埠通商城市的见证，也是近代交通与办公建筑相结合的典型案例。

图 6.1 修缮后的招商局大楼

---

* 本章关于各历史建筑相关概况介绍内容引自南京民国建筑网[35]（www. njmgjz. cn）和《南京民国建筑》（卢海鸣，杨新华主编，南京大学出版社出版）[36]。

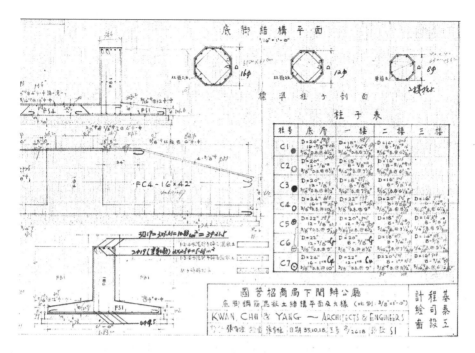

图 6.2 基泰工程司相关工程图纸

招商局大楼 2010 年被命名为南京重要近现代建筑（图 6.3），2012 年进行了整体修缮。修缮前建筑使用单位为南京水上公安局，建筑外观为外墙面贴瓷砖，门窗为白色铝合金材质。

图 6.3 修缮前建筑外观

修缮前的检测鉴定报告对该建筑现状作了基本评估。建筑上部主体结构为单向框架结构，柱网布置规则，柱间距均为 5.5m；沿建筑物四周均有悬挑 1.5m 的走廊；层高均为 4.0m。通过现场检查、检测，对建筑整体和局部倾斜变形、不均匀沉降、结构连接等损伤以及各种构件的外观结构缺陷进行了安全性和抗震性能分析评价，提示了修缮设计过程中需要关注的技术风险。

现状和设计条件分析：

1）原始图纸与现状测绘数据不符之处较多，信息谬误使原结构图纸的混凝土构件数据存在可靠性风险。

2）鉴定检测样本点偏少。例如，检测报告判明基础采用柱下双向钢筋混凝土条形基础，埋深为1.15m，设置有800mm高的地梁，实际上这仅是后期施工队进场前补测的一点，其钢筋情况也未探明。

3）该建筑采用单向框架结构体系（图6.4），结构体系不合理。

4）存在大量异形构件。该建筑物中所有混凝土柱均为正八角形，涉及五种类型，柱的边长分别为240mm、220mm、190mm、180mm与160mm，给常规加固模式的应用造成障碍。

5）招商局旧址大楼的阳台很有特色，开放的通长回廊不依靠梁来悬挑，完全依靠阳台板悬挑1.5m支撑封边梁和围栏墙的荷载。它是建筑师刻意模仿航船甲板意象的杰作，只是经过长期的侵蚀，混凝土劣化严重，钢筋锈胀，出现大量裂缝，楼板明显变形。但由于无梁阳台是招商局大楼最具特色的形象特征，从尽量保持历史建筑典型原貌的角度，未采用在阳台增设挑梁的方法进行加固。

修缮工程由东南大学建筑学院建筑师周琦主持，结构设计人员为方立新、夏仕洋等，具体设计方案为：剔除外墙面贴瓷砖后将墙面拉毛，船式甲板特征的无挑梁阳台采用钢板带包夹式加固，依旧保留原建筑的无梁特征。不同于常见的矩形方柱，方案中所有柱截面为八边形，无法采用角钢作为外套型钢，外套加固钢板通过构造组合成一体共同工作，等效成H型钢，从而参加结构贡献，故对于混凝土柱外套钢板通过缀条环绕连接，对于混凝土梁则依靠穿通楼板的U形箍将位于混凝土梁顶面和底面的外套钢板连接。为确保加固钢板能作为型钢参加工作，除缀条和箍板外，钢板尚需用锚栓与混凝土构件固定，锚栓作用类似组合梁结构中的剪力栓钉，同时钢板与混凝土构件之间注胶，采用湿式外包钢作业模式以保证外套钢板变形满足平截面假定。招商局大楼阳台对外开放，用于观景，活荷载较大，因此在阳台板额外设计了嵌板暗钢梁，通过U形箍将阳台板面和底面的粘钢板带连接组合形成有效暗梁，为阳台提供悬挑支撑（图6.5）。

图 6.4　混凝土单向框架用钢梁加固

图 6.5　仿船甲板悬挑阳台加固

针对招商局旧址大楼相关修缮设计施工过程，创建了基于 Revit 的建筑信息 BIM 模型（图 6.6），其目标是准确记录、保存和传递修缮过程中的建筑遗产信息。

图 6.6　南京招商局大楼修缮加固 BIM 模型

用 BIM 创建历史建筑的修缮模型会遇到结构加固措施的构造设置与表达问题，这些加固措施包括包钢与粘钢加固、碳纤维加固及混凝土扩截面等。在典型的 BIM 建模软件 Revit 中，各种构造设计一般依靠相关族的载入解决。

族是 Revit 中项目的重要组成部分，承载着构件的组成、形体、材料等多类参数信息。作为可以从项目外部导入项目中的族，加固设计族库一般采用可载入族类型，在外部 RFA 文件中创建并载入项目中。由于其自定义性较高，工程师更乐于使用，但是针对历史建筑修缮可能会遇到的一些特殊异形构件，其加固族创建应满足相应的技术规范，需要创建者熟悉相关加固构造并对族的自定义参数设置有较深入的理解。

南京招商局大楼涉及异形柱加固族，所有钢筋混凝土柱均设计为八边形截面

（图 6.7）。本次修缮对其混凝土构件采用了特殊的包钢加固方式，因不同于常规矩形截面的混凝土梁柱包钢加固构造，其 BIM 模型需要在 Revit 中创建针对性的包钢加固族，以满足实际工程的应用要求。

二层柱(2)/(D)	
二层柱(3)/(D)、(4)/(E)	
二层柱(5)/(D)	

图 6.7　南京招商局旧址大楼的八边形截面混凝土柱

包钢加固族的创建过程[37]如下。

创建加固族，选择公制常规模型。按照框架柱的形状，分别在楼层平面和立面绘制参照平面，并添加控制框架柱形状的实例参数"柱边长""倒角"和"柱高"，添加实例参数"纵向钢梁高度"。通过拉伸命令建立粘钢板，并锁定相应的参照平面，添加实例参数"粘钢板厚度"和"粘钢板类型"，将粘钢板的拉伸终点关联到柱高。缀板和锚栓另外建族，嵌套到加固族中。

新建缀板族，选择公制常规模型。通过放样命令建立缀板，同样的，按照框架柱及粘钢板的形状绘制参照平面，并锁定相应的参照平面，添加实例参数"柱边长""倒角""粘钢板厚度""缀板肢宽""缀板宽度""缀板厚度"和"缀板类型"。

新建锚栓族，选择公制常规模型。绘制参照平面，通过放样命令建立锚栓，并锁定相应的参照平面，添加实例参数"柱边长""倒角""粘钢板厚度""锚栓直径"和"锚栓类型"。

将缀板族和锚栓族载入加固族中时，要用到阵列命令，因此缀板和锚栓的尺寸标注和参数添加要在编辑放样的状态下进行。

将锚栓族载入加固族中，将锚栓对应的实例参数关联到加固族参数。绘制参照平面，确定锚栓阵列的范围，添加实例参数"锚栓距柱边"，并将载入的第一组锚栓圆心对齐到参照平面。选中第一组锚栓，选择阵列命令，勾选"成组并关

联"，移动到"最后一个"。选中项目数，添加实例参数"锚栓个数"。添加实例
参数"锚栓间距"，输入"锚栓个数"计算公式。

在加固族中添加实例参数"节点区缀板宽度顶"和"节点区缀板宽度底"，
并设置相应的数值。首先添加柱底部节点区的缀板，将缀板族载入加固族中，锁
定底部的参照平面，关联相应的族参数，其中将"缀板宽度"关联到"节点区缀
板宽度底"。然后添加柱顶部节点区的缀板，选择创建构件，按照同样的方式设
置好相应的参数。添加加密区缀板，创建参照平面，添加实例参数"加密区距柱
底""缀板加密区"和"缀板加密间距"。选择创建构件，布置第一组缀板，并锁
定参照平面。选中第一组缀板，完成阵列，添加实例参数"缀板加密区个数"，
输入计算公式。按照同样的方式添加加密区 2 和非加密区的缀板。图 6.8 所示为
框架柱加固族的创建和具体参数说明，图 6.9 所示为加固族完成后加载到 Revit
模型中的招商局大楼悬挑长廊区异形柱结构。

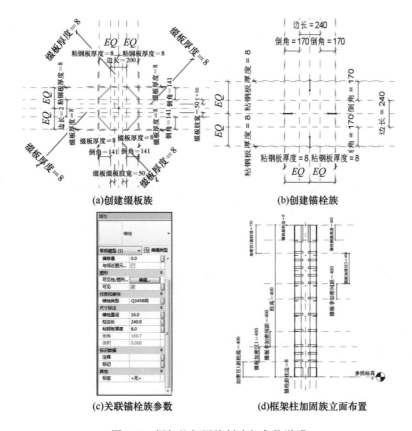

图 6.8　框架柱加固族创建与参数说明

图 6.9　Revit 模型的异形柱

6.2　南京下关码头候船厅

　　南京下关码头候船厅原称江边路 21 号民国建筑，第三次全国文物普查中被定为文物建筑。该建筑造型精美，建筑细部处理丰富。这座建筑民国时期最早是江口车站，1937 年日军占领南京后将这里改建为仓库，抗战胜利以后这里又成为"江边茶社"。1954 年，江边路 21 号建筑部分拆除，改建为长江航务局候船大厅。改建后的候船厅平面呈"凹"字形，南北长 45m，东西宽 26m，坐东朝西，三层砖混结构，灰白色水泥拉毛外墙面，带典雅大方的西洋柱廊和秀气的拱形门窗，门楣装饰仿木结构雀替，又有传统中式建筑风格（图 6.10）。

　　2012 年，该建筑完成修缮，外立面由土黄色变成了藏青色，门口的立柱漆成大红色，大门顶部换上了西式围栏和中式的彩画（图 6.11）。建筑加固图纸与修缮后的 Revit 模型分别见图 6.12 和图 6.13。

图 6.10　修缮前的候船厅建筑外观

图 6.11　修缮后的候船厅建筑外观

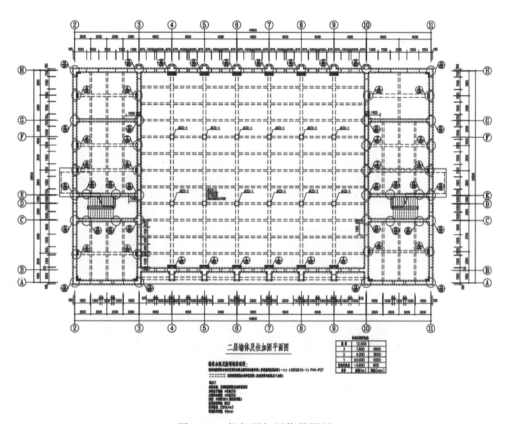

图 6.12　候船厅加固修缮图纸

图 6.13　建筑修缮后的 Revit 模型

候船厅的特点是历史变更很多，即使新中国成立后也多次修缮，尤其是1976 年唐山地震后采取了很多应急性的加固措施，包括外立面砖柱上的包钢和钢筋拉接、内框混凝土梁上的钢筋桁架笼等。BIM 模型中，阶段化的模式保留了唐山地震后补救性加固的梁柱构造。图 6.14～图 6.16 分别显示了补救性加固的模型和实景。

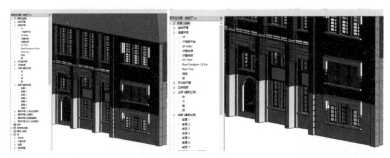

图 6.14　早期壁柱角钢加固构造 Revit 模型与实景

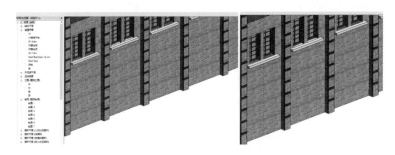

图 6.15　早期壁柱包钢加固构造 Revit 模型与实景

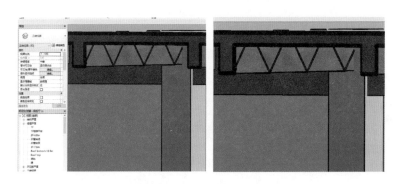

图 6.16　早期楼层梁钢筋桁架加固构造 Revit 模型与实景

原抗震加固时，几乎所有砖柱都采用角部外包角钢或者增加混凝土扶壁柱的方法，其中与改造时增加的混凝土梁相连的砖柱采用增加混凝土扶壁柱加固。在拆除原加固混凝土构造柱、满足建筑外立面复原的同时，在墙体内壁增设了混凝土壁柱的构造，壁柱与砖柱（墙垛）形成组合构件，外壁的原混凝土加固构造柱拆除，对构成建筑表皮垂直线条的砖柱改用钢套（角钢和扁钢）加固。

根据图集《砖混结构加固与修复》（15G611），针对实际情况所建的新增构造柱（含销键）标准参数化族中使用了 txt 格式的数据文件进行参数驱动（图 6.17、图 6.18）。

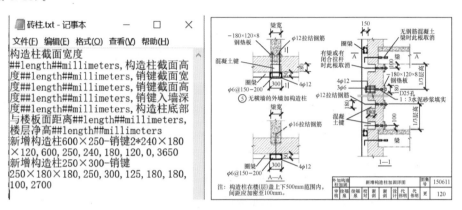

图 6.17 用 txt 格式的数据文件进行模型参数驱动

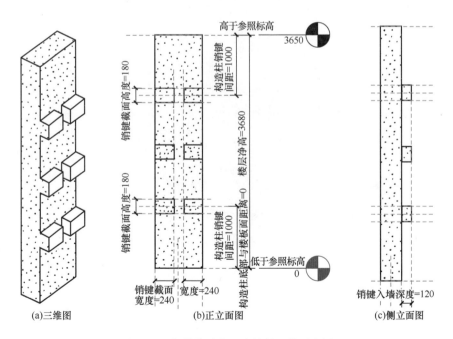

图 6.18 新增构造柱（含销键）族示意图

　　将新增构造柱（含销键）族载入基于墙的公制常规模型墙体新增构造柱加固族中（图 6.19），布置好钢垫板和拉结钢筋（图 6.20），完成此构造柱加固族。

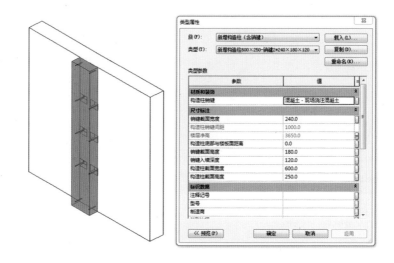

图 6.19　新增构造柱（含销键）族参数

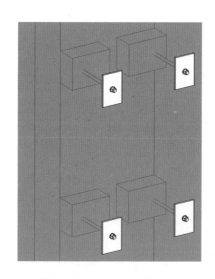

图 6.20　新增构造柱（含销键）族的垫板和拉结钢筋

6.3　高家酒馆

　　盔头巷 8 号（原高家酒馆）两幢民国建筑为南京重要近代建筑，位于南京市鼓楼区。20 世纪 30 年代初，国民党元老陈树人担任侨务委员会委员长兼国民政府中央海外部部长，盔头巷的民国建筑曾经是陈树人的办公地点之一，新中国成立后一直用作居住建筑。建筑为 2 层砖木混合结构，红瓦双坡屋顶，设有烟囱、一排人字檐红色老虎窗，为南京近代联排式住宅中的典型代表（图 6.21）。

图 6.21　盔头巷 8 号民国建筑原状

　　盔头巷 8 号民国建筑的每幢房屋建筑面积约 500m²。两幢房屋建筑、结构布置大体相同，但北楼为四开间，南楼为两开间；北楼均为砖墙承重、南楼部分砖墙承重、部分木梁承重；南楼有两栋辅房，北楼有四栋辅房，辅房均为两层砌体结构房屋，钢筋混凝土现浇板楼面。两幢房屋主楼楼面均采用木搁栅、木楼面板，屋盖采用木屋架、木檩条、木屋面板、瓦屋面，室内有木质楼梯，墙体采用青砖承重，砖墙厚 230mm；木质人字形屋架上弦杆为 100mm×250mm 方木，下弦杆为 150mm×300mm 方木。由于房屋建造年代久远，南楼、北楼墙体均存在裂缝，楼面木格栅存在破损、受潮、发霉，木质扶手也已腐朽，部分楼梯存在破损、松动等安全问题。依据《民用建筑可靠性鉴定标准》（GB 50292—1999）中的相关规范，两幢房屋的安全性等级均评定为 Cu 级。依据《建筑抗震鉴定标准》（GB 50023—2009），两幢房屋均不满足后续使用年限为 30 年（A 类房屋）的抗震鉴定要求。经综合分析，由于盔头巷两幢民国建筑结构的安全性及抗震性能不达标，需要加固修缮以延长该建筑的使用寿命，满足保护性使用的要求。

　　针对项目现状，建筑师采用历史建筑修旧如旧的修复原则，在功能更新再利用的前提下使该次修缮尽最大可能保持历史原状。修缮做法如下：对坡屋面掀顶揭露做保护式翻修，先将红色有机瓦卸落，拆除屋面挂瓦条、油毡及木望板，清扫垃圾灰尘，再根据破损情况修复或重铺木望板，最后重新铺设红色瓦屋面。墙体抗震加固方案则拟采用高强钢绞线面层加固。为保持原墙立面的历史原貌，内墙采用双面加固，外墙则仅在内侧做单面加固。在建筑内部，修缮则尽最大可能保持主楼梯的历史原状，对栏杆、扶手、望柱进行检修加强，有缺损的按历史原材质原样式修补补齐，损坏严重的更换或接换构件，最终的木楼梯颜色将同历史原物一样。

在该次修缮中，构建 BIM 模型[38]供项目作为数字化实验平台。对于修缮项目，翻新应用与新建筑设计施工的场景相差悬殊，需要分析特有的工作特征。BIM 翻新修缮项目的两个重要特征是修缮项目加固族的创建和翻新过滤器的阶段化设置。

1. 加固族的创建

该项目应用的 BIM 软件是 Autodesk 公司的 Revit 软件，该软件中族是项目的基本元素，它的参数化功能可以协助工程师进行精细的构件设计与装配。因此，如果期望在修缮项目 BIM 模型中真实表达相关的加固设计策略及相应的构造措施，就有必要创建针对性的结构加固族。设计师可以在加固族中通过合理的参数变量设置对用法和行为类似的图元进行尺寸、形状、类型等多重级别的控制，方便修缮设计的调整和修缮项目的工程统计与管理。然而 Revit 提供给用户直接载入使用的族库中并不包含现成的加固族，需要熟悉修缮设计中各种加固构造的工程师独立创建。当设计周期紧张或者缺乏有经验的人手时修缮项目团队往往在 BIM 模型中有意回避这部分工作，导致 BIM 模型未准确反映真实修缮项目的特点，即缺失了自建加固族的修缮项目 BIM 模型并未能清晰对应加固工作流程，故其客观上弱化了项目的工程属性表达而更类似于模型的概念化展示。因此，从实际工程应用角度出发，修缮项目的 BIM 模型应充分考虑结构加固族的创建需求。

实际上 Revit 提供的族编辑器可以让用户自定义各种类型的族，在自建族时首先需要选择合适的族模板。本项目的加固族是在 Revit 区域钢筋族模板下创建的，通过预定义新建族所属的族类别和族参数，在设定数据驱动下可创建出需要的参数化族（图 6.22）。

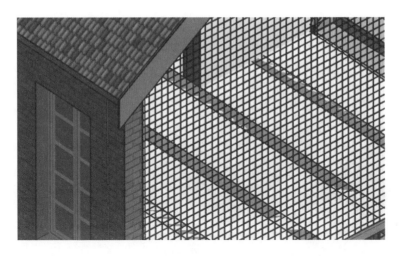

图 6.22　项目加固族的创建

2. 阶段过滤模式

阶段化分解是建筑信息模型应对修缮工作流程的关键环节，该项目 BIM 模型阶段化分解为原有建筑＋拆除＋新建部分（图 6.23）。

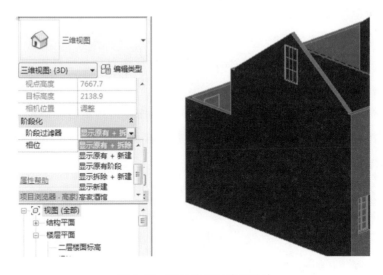

图 6.23　项目阶段过滤器设计

建筑信息模型对修缮作业助益良多，带来工程生命周期的信息增值。该项目的 Revit 模型并非为施工搭建，但其中的模型通过工程量统计可以给出关于工程量及造价的简单估算。其精确度无法与施工企业根据施工蓝图套定额的核算精度相比，但对于设计师而言已可以足够准确地了解方案调整下的材料成本和工程造价的变化情况，方便设计师与业主和施工企业沟通。同时，Revit 模型也方便设

计师和工程师现场对施工企业交底，记录和检查项目的施工工艺要求，如该项目的钢绞线加固面层的施工工艺等，工程师在工地现场用笔记本电脑打开 Revit 模型，就可以查看隐藏的各种构造做法，如图 6.24 所示。实际工作中工程师也可以使用更方便携带的手机或平板电脑浏览 BIM 模型，但平板电脑可浏览的 BIM 模型信息往

图 6.24　利用 BIM 模型揭露屋顶检查隐蔽构造

往会被简化或删减。

　　从事历史建筑加固修缮项目的设计师通常都会发现，修缮项目设计开始时建筑档案信息一般都较为匮乏，原始图纸严重缺失，现场测绘受各种限制而造成测绘成果相当粗糙，尤其内部结构的信息不明，而结构安全鉴定报告很多情况下其内容差强人意，部分检测单位提供的结构检测报告不准确甚至马虎，给后续设计工作带来极大的被动。该项目尝试了将 Revit 模型作为建筑遗产修缮生命周期内历史信息记录的载体，探索历史建筑数字化保存的新途径。在 BIM 模型中准确地加载建筑修缮活动的各类信息和档案记录，对未来的建筑运营管理和改造再利用有很大帮助：一方面，Revit 模型具有全息特征，可以充分记录建筑的全生命周期内的各项变动痕迹，保存修缮前后的各类数据，完成历史遗产的遗传信息数字化模式下的刻录和传递，为建筑未来再次更新修缮改造提供准确的原始数据；另一方面，Revit 模型可以记录设计师在修缮项目中的独特设计思考和重点强调的设计措施，作为特殊信息附着在模型中传承（图 6.25），当建筑再次到达新一轮生命周期并进行转换时，这类遗传信息可以被后来的建筑历史研究者和建筑设计师调取、检视和分析，从而使 Revit 模型在历史遗产建筑的生命延续过程中发挥关键作用。

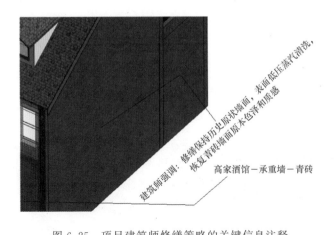

修缮保持历史原状墙面，表面低压蒸汽清洗，
恢复青砖墙面原本色泽和质感

建筑师强调：

高家酒馆－承重墙－青砖

图 6.25　项目建筑师修缮策略的关键信息注释

6.4　国民大会堂

国民大会堂（图 6.26）是南京民国建筑中有里程碑意义的建筑，不仅仅是因为其建设周期创造了纪录，完工迅速（会堂从开建到完工，用时仅 6 个月）。虽然国民大会堂的制冷、供暖、通风、消防、卫生等设施很先进，堪称国内一流，但建造用材却毫不铺张，实行就简原则。会堂内楼座结构的组合桁架采用小断面钢材，既反映了工程师的灵活，也反映了设计者在预算压力下对实际情势的妥协。更重要的一点是，它开启了对当时南京官式建筑盛行大屋盖风格的恰如其分的反映。在施工过程中，陶记工程师事务所建筑师李宗侃根据国民政府制定的《首都计划》中提出的首都建筑"要尽量采用中国固有之形式为最宜，而公署及公共建筑尤当尽量用之"的原则，对原设计方案作了局部修改，但最终落实后的修改并不夸张，仅仅是在檐口、门厅、雨篷等处运用了民族风格的装饰。

1. 设计建造背景

1935 年 5 月，国民大会在中央大学大礼堂举行。1935 年 9 月，国民党要员孔祥熙等提议：在首都建筑国民大会堂，可以国立戏剧音乐院和美术陈列馆充用。同年，国立戏剧音乐院和美术陈列馆筹委会公开招标，征集院馆工程的设计方案和营造商。筹委会于 1935 年 8 月评定，设计方案以公利工程司建筑师奚福泉的方案为首选（图 6.27），关颂声、赵深的设计方案分列二、三名；营造商为上海陆根记营造厂。1935 年 11 月 23 日，筹委会常务主任褚民谊与承建商陆根记营造厂签订合同，限期 10 个月完工。同年 11 月 29 日举行奠基典礼，1936 年 5 月 5 日《宪法草案》正式对外公布，国民大会堂举行了正式竣工典礼。

图 6.26　国民大会堂的外观与内景

图 6.27　国民大会堂设计方案与奚福泉建筑师

2. 历史价值

南京没有一栋民国建筑比国民大会堂关联更多的政治事件：蒋介石在此选为国民政府总统，江泽民同志在此留下了参加学生运动的身影，邓小平同志在刘邓大军入城后在此对全军发表讲话，毛泽东同志 1954 年在此作过重要演讲。众多历史人物的加持，使得国民大会堂在南京民国建筑中具有显赫的地位。

3. 建筑风格

国民大会堂近似于西方近代剧院风格，建筑立面采用西方近代建筑常用的勒脚、墙身、檐部三段划分的方法，属于国家文物保护建筑（图 6.28）。

图 6.28　国家文物保护建筑国民大会堂的建筑风格

4. 建筑布置

国民大会堂坐北朝南，左右对称，主体建筑地上四层，地下一层，分为前厅、剧场、表演台三部分，建筑面积达到 5600m²。前厅为砖混结构，设有井楼，一楼两侧设有办公室、衣帽间，二楼为休息室，顶楼为放映室，各层都有卫生间和储藏室。表演台部分条口为圆弧形，台前设有奏乐池，底部有演员化妆室和休息室。图 6.29 所示为三种图档媒介（蓝图、CAD 二维图纸、三维 BIM 模型）所做的建筑信息记录。

5. 建筑结构

剧场部分为钢筋混凝土柱网结构，设在建筑物中央，共有 2500 多个观众席，顶部为人字屋顶、钢屋架（图 6.30）。二层楼座为混凝土与型钢共同工作的组合桁架（图 6.31）。

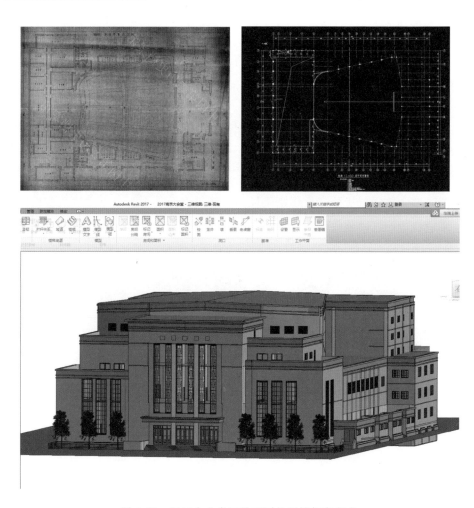

图 6.29　国民大会堂三种不同的图档保存方式

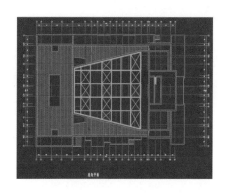

图 6.30　观众厅钢屋架

图 6.31　楼座组合桁架

6. 修缮记录

从建成到 2015 年，历经多次不同程度的修缮、扩建和整修，其中若干次修缮记录缺失或者记录有误。例如图 6.32 中显示的一次特殊的整修"档案"记录，粉笔字写在楼座的组合桁架上，"1986.6 月 3 号开工，11 月 5 号竣工，市建二公司水电处"。然而，这次整修活动的内容和规模却与大会堂工作人员的回忆有冲突，在大会堂管理单位也未能找到该次整修的档案资料。能查到的部分出版文献中关于南京市二建承担的此次修缮时间记录为 1985 年，与图 6.32 中的粉笔档案相比，哪个更权威？哪个更能穿越历史的沧桑？再过若干年，能查证的记录有很大可能会被固化为纸质媒介上记录的 1985 年。所以，未来的建筑图档转移到图 6.33 中的 BIM 模型上将是历史建筑信息管理的趋势。

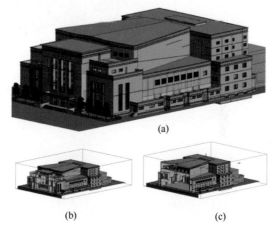

图 6.32　组合桁架上的文字记录　　　　图 6.33　国民大会堂 Revit 模型

6.5　咨议局旧址

1910 年建造的咨议局大楼现为江苏省军区机关大楼（图 6.34），1911 年 12 月辛亥革命的起义代表在这栋建筑中推选孙中山先生为临时大总统，并宣布改国号为中华民国。

清宣统元年（1909 年），江宁咨议局和苏州咨议局相继成立并合并为江苏咨议局，议长由清朝状元张謇担任。同年，两江总督端方奏请建造咨议局办公大楼。张謇委派同乡南通工程技术专科学校的毕业生孙支厦负责设计。期间，孙支厦赴国外考察议会建筑，吸取西方议会建筑特色，在摸索中设计出具有法国宫殿式建筑风格的咨议局大楼。

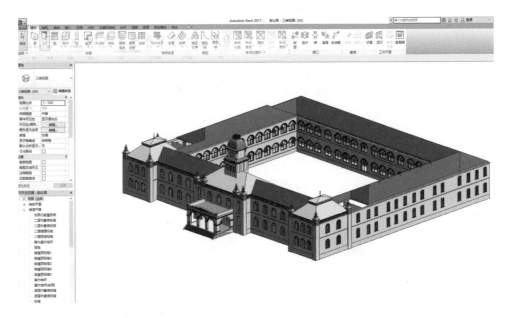

图 6.34　咨议局大楼 BIM 模型

　　设计者孙支厦，南通人，中国近代最早的建筑师之一，是中国传统建筑工匠向现代建筑师过渡的代表性人物。光绪三十一年（1905 年）孙支厦进通州师范学校土木工程科求学，光绪三十四年（1908 年）毕业，一毕业便到江宁劝业道供职，负责江苏省咨议局建筑的设计和施工。咨议局大楼作为他设计的第一座建筑，在建筑的空间布局和形式上模仿的痕迹很重。

　　图 6.35 所示为用三维时间轴软件 Tiki-to 实现的南京咨议局建筑时间节点阵列图。

　　图 6.36 所示为屋顶木屋架的照片和测绘大样，图 6.37 所示为咨议局 BIM模型的剖切结构和细部视图。

　　咨议局的屋架为民国时期典型的木屋架形式，对屋架的修缮初步设计方案主要是破损构件的更换，部分干裂木材采用碳纤维布包裹加固。设计方案中修缮的另一项任务是墙体的修缮（图 6.38）。

图 6.35　南京咨议局 Tiki-to 时间轴视图

图 6.36　屋顶木屋架的照片和测绘大样（单位：mm）

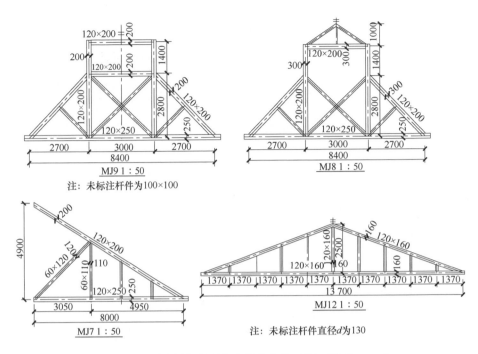

图 6.36 屋顶木屋架的照片和测绘大样（续）（单位：mm）

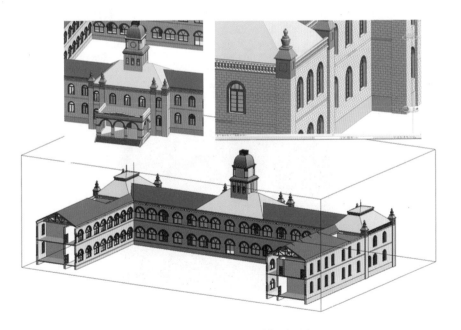

图 6.37 咨议局 Revit 模型视图

所有承重墙均采用钢筋网砂浆面层进行加固（图 6.39）。钢筋网宜采用细密点焊钢筋网，规格宜为 $\phi6@$（120～150）×（120～150）。钢筋网与墙体的固定，双面加固时采用 S 形 $\phi6$ 钢筋以钻孔穿墙对拉，间距宜为 900mm，并且呈梅花状布置；单面加固时采用 L 形 $\phi6$ 构造锚固钢筋以凿洞填 M10 水泥砂浆锚固，孔洞尺寸为 60mm×60mm，

图 6.38 咨议局的墙体结构

深 120～180mm，构造锚固钢筋间距为 600mm，呈梅花状交错排列；竖向钢筋应连续贯通穿过楼板。为避免钻孔太密，造成楼板过大损伤，在楼板处可采用集中配筋方式穿过，钢筋规格为 $\phi12@600$，上下搭接各 400mm，端部焊 $\phi6$ 横筋两道，以便与钢筋网扎结。钢筋网砂浆面层应深入地下，埋深≥500mm，地下部分厚度扩大为 150～200mm。

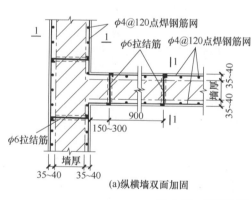

(a)纵横墙双面加固

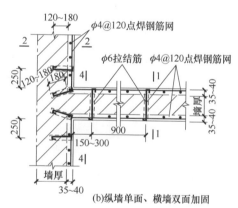

(b)纵墙单面、横墙双面加固

图 6.39 钢筋网砂浆面层加固承重墙

对于一般的钢筋网砂浆面层加固，可以直接在 40mm 厚砂浆面层"墙体"中修改保护层厚度，利用结构区域钢筋来表达，而以基于墙的公制常规模型建立拉结筋布置参数化族。先建立拉结筋（图 6.40），载入钢筋网砂浆面层加固族，进行拉结筋布置的参数化，以适应不同加固方式的需要（图 6.41）。

图 6.40 在 Revit 中创建拉结钢筋

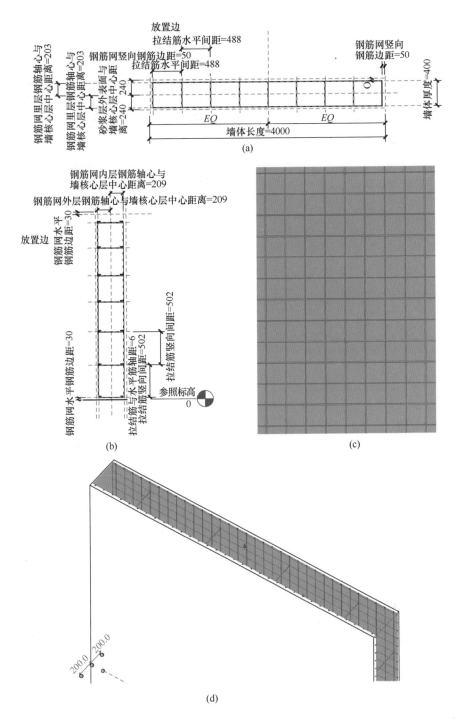

图 6.41　创建钢筋网砂浆面层加固族

6.6　南京中山北路 576 号小红楼

"小红楼"位于南京市中山北路 576 号，江边路与中山北路交叉口的东北角，旧址为下关电厂（民国时期的首都电厂），是一座红砖外墙、中西合璧的民国建筑（图 6.42）。该建筑为联立式办公建筑，建筑平面呈 W 形，主体两层，砖混结构，以西南至东北方法向为轴线对称。西南面迎街一楼有门厅，门厅顶部为二楼阳台，两边是二层的辅楼，楼顶有平台。中间主楼局部三层，有重檐攒尖顶四角亭楼。该建筑被列入南京市第五批重要近现代建筑保护名录，东南大学建筑学院周琦团队主持了相关修缮设计。

(a) 2010年　　　　　　　　　　(b) 1947年

图 6.42　民国建筑"小红楼"不同历史时期的照片

当前相当数量的历史建筑信息记录不全，档案保存度不理想，即使有存档资料，也掺杂着失真的数据甚至谬误。民国小红楼项目，其官方记录的建成年代有误。建筑上官方发布的"南京重要近现代建筑"标志牌标明该处民国建筑的编号为"2009038"，其历史为："原首都电厂办公楼。下关电厂原名首都电厂，于 1937 年竣工发电。此处办公楼建于 1946 年。"然而 1937 年日军占领南京后的纪录片中出现过这栋小洋楼，证明上述官方信息的谬误。真实的历史是该楼于 1936 年建成，是民国时期津浦铁路局为了方便北上旅客所设的津浦铁路南京站售票处兼行李房，1946 年被民国首都电厂改用作厂部办公楼。由此可见，历史建筑遗产信息的保真殊为不易。事实上，该建筑在本次修缮中除了发现历史脉络不清、建造年代模糊外，更严重的是找不到之前与工程相关的设计档案。该建筑之前经过多次无序改造，查阅档案记录和修缮图纸，都无法找到原始设计资料，图纸缺失对后续修缮设计造成了不便。传统的建筑资料保存方式也很容易造成信息的丢失。BIM 用于真实历史建筑遗产信息的保存将具有很大的实践探索价值。针对小红楼相关修缮设计施工过程，创建了基于 Revit 的建筑信息 BIM 模型（图 6.43），以记录、保存和传递修缮过程中的建筑遗产信息。

图 6.43　小红楼 BIM 模型

BIM Revit 当前被用于大量新建建筑设计，但通过应用拓展也可以针对历史建筑保护的特殊要求发展为 HBIM 模型的核心架构，如记录勘察信息，调查历史维修、改扩建记录，将 BIM 模型作为专用数据库永久地保留有价值的信息，保存历史建筑档案，把材料、构造等传统施工工艺体现在三维 BIM 模型中，随时检索隐藏的各类建筑构造。

小红楼民国建筑修缮过程中的加固作业涉及的构造包括钢筋网水泥砂浆面层加固及钢绞线（高强钢丝绳网片）高强聚合物砂浆外加层加固（图 6.44），这些都要构建在 BIM 模型中。而砌体结构另一种常用面层加固——采用钢筋混凝土面层加固，在本项目条件下则未采用，主要原因是规范要求该构造面层厚度不应小于 60mm，竖向受力钢筋直径不小于 12mm，可逆性和最小干预都不够理想。因此，具体修缮设计对外墙部分考虑外立面的原状保护，采用单面钢筋网水泥砂浆面层对外墙内表面加固，而建筑内墙部分采用双面加固，考虑到墙厚限制，内墙的双面加固应用了厚度更薄的钢绞线加固面层（图 6.45）。

具体的 BIM 模型创建则涉及加固族的创建与阶段化过滤。上述修缮加固构造的 Revit 族需要用户自己创建。出于简化、实用的目的，有时可以借用 Revit 软件提供的其他通用族，如钢筋网水泥砂浆面层加固族就可以尝试用混凝土剪力墙的区域钢筋方式简单代用。区域钢筋建立钢筋网的具体方法如下：利用 Revit

图 6.44　钢绞线（高强钢丝绳网片）高强聚合物砂浆加固施工

Structure 模块添加结构钢筋。对于建筑墙体，将墙体设置为有效的钢筋附着实例。选中墙体，确定主筋方向，调整钢筋类型和间距、保护层厚度等，建立区域钢筋网。采用精细显示模式观察实体，查看钢筋和砂浆层的设置。但这种方式也有其不足之处：不是独立的外建族，概念不够清晰；砂浆层的添加比较麻烦，用钢筋模块很难模拟钢绞线真实的构造，不能近似代用

图 6.45　内墙用钢绞线高强聚合物砂浆
双层加固

钢绞线族。因此，若尝试作为 HBIM 模型的构建框架，相关工作清单不推荐区域钢筋方式，而是推荐独立创建相关钢筋网加固族和钢绞线加固族。

两种族的创建过程如下。

1. 钢筋网加固族

新建公制常规模型，分别制作钢筋网水平钢筋、钢筋网竖向钢筋及拉结筋。将各族的截面半径、长度及材质参数化，载入参数化钢筋网加固族（族样板选用基于墙的公制常规模型）。该样板支持将墙厚设置为报告参数（墙长与墙高无法实现），而与之相关的各参数均设置为实例参数。放置各构件时采用阵列命令，个数与墙长、墙高相关联，向下取整（需注意将阵列组中两个构件同参照平面对齐锁定）。功能实现：可以自动适应不同厚度的墙体；可以分别设置项目中不同墙体钢筋网加固族的水平筋间距与直径、竖向筋间距与直径；可以设置凿去厚度、砂浆层厚度、钢筋网距原墙体距离等；单面加固与双面加固通过载入两个独

立的族实现（图 6.46）。

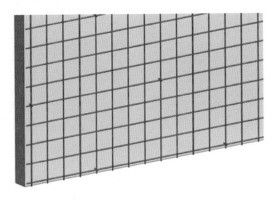

图 6.46　钢筋网水平钢筋、竖向钢筋及拉结筋

2. 钢绞线加固族

新建公制常规模型，制作竖向筋、两侧角钢及水平筋。各构件均为嵌套族，需建立螺栓、套筒、卡件等载入各构件。考虑水平筋端头锚固及张拉，水平索部分使用放样方式制作。新建基于墙的公制常规模型族，载入各构件。对齐锁定参照平面，固定角钢位置；采用阵列命令实现水平筋、竖向筋沿墙长、墙高的布置。墙厚及各相关尺寸标注均设置为实例参数。功能实现：参数化族，可以调整水平筋间距、竖向筋间距、砂浆厚度、钢绞线距原墙体距离等；单面加固与双面加固通过载入两个独立的族实现；加固族考虑各项构造，可辨识性比较强（图 6.47、图 6.48）。

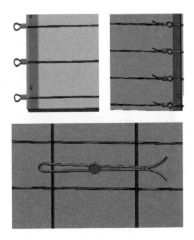

图 6.47　钢绞线加固族参数设置　　　图 6.48　角钢及水平筋固定端和
水平筋张拉端的构造

阶段化分解是建筑信息模型应对修缮工作流程的关键环节，小红楼 Revit 模型被阶段化分解为原有建筑＋拆除＋新建部分。图 6.49 和图 6.50 所示为小红楼建筑的项目阶段化设计与阶段过滤条件下的 BIM 模型状态。

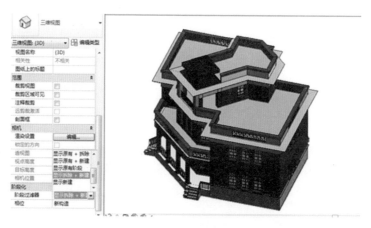

图 6.49　项目阶段过滤器设计

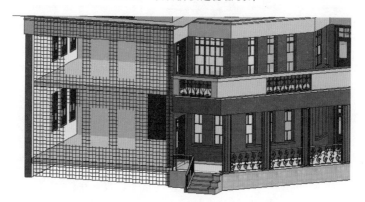

图 6.50　BIM 模型中阶段化显示加固钢筋网

6.7　南京博物院·荷兰大使馆

6.7.1　南京博物院

南京博物院的前身为国立中央博物院，是当时全国唯一仿照欧美博物馆功能建造的现代综合性大型博物馆。1935 年博物院征集设计方案，经设计竞赛产生最终的设计方案。当时大型设计竞赛很少，如南京的中山陵（1925 年征集设计方案）、广州的中山纪念堂（1926 年征集设计方案），都是通过设计竞赛产生的设计方案。中央博物院设计方案参加者中大师云集，设计的方案均力图表现中国式的建筑大屋盖。第一名的方案为仿明清式风格，然而竞赛评委有自己的评审偏好，这也促成了最终的博物院用辽代的式样来建造。辽式建筑继承了唐代的传统，造型朴实雄浑，屋面坡度较平缓，立面上的柱子从中心往两边逐渐加高，使檐部缓缓翘起，减弱大屋顶的沉重感。中央博物院的建筑设计思想是力图体现中国早期的建筑风格，最终的实施方案采用了仿辽式屋盖（图 6.51）。

第一名当选，徐敬直方案南立面图

第二名，陆谦受方案南立面图

第三名，杨延宝方案南立面图

图 6.51　国立中央博物院建筑设计竞赛方案

图 6.52 所示为南京博物院实景图片和用 ArchiCAD 创建的 BIM 模型。

图 6.52　南京博物院实景与用 ArchiCAD 创建的 BIM 模型

6.7.2 荷兰大使馆

荷兰大使馆也是文保建筑，属于典型的传统风格民国历史建筑（图 6.53）。1936 年 3 月，荷兰政府任命傅恩德为驻华公使馆特命全权公使，9 月 17 日其来宁履任，当月 19 日向国民政府主席林森呈递国书，并买下 1936 年前所建的老菜市 29 号（现老菜市 6 号）为公使馆。其虽然是大使馆舍，却并非典型的官式建筑。1947 年 3 月 29 日，中荷两国政府将公使馆升格为大使馆后，荷兰政府任命艾森为首任驻华特命全权大使，仍以此为大使馆馆址。

图 6.53　文保建筑荷兰大使馆外景

荷兰大使馆这幢民国建筑主楼左右分别有两个连体的厢房，均采用飞檐设计。正门前两个大圆柱承托二楼的露天阳台，勒角沿口等处雕饰细腻。建筑四周紧紧围着六个飞檐翘角的配殿，形成众星拱月的格局，气势不凡。整体建筑为灰砖墙、灰筒瓦，檐头每个筒瓦上均有一个五角星。筒瓦下的檐头装饰成红色，檐下的横梁上刻着一个个黄色的字，共有八百多个，十分别致。2012 年对该建筑的修缮保留了主体砖混结构，外墙采用泰山青砖清水砌筑。图 6.54 为该建筑的 BIM 模型剖切视图，模型显示了修缮设计后兜圈设置的"寿"字纹水泥花砖。

图 6.54　荷兰大使馆 BIM 模型剖切视图

表 6.1 对比列出了南京博物馆与荷兰大使馆两栋历史建筑的建筑信息图档。

表 6.1　历史建筑信息列表（南京博物院和荷兰大使馆）

对比项目	南京博物院	荷兰大使馆
修缮后的现状		
修缮前的历史照片		
外立面		
BIM 模型		
二维 CAD 视图		

对比项目	南京博物院	荷兰大使馆
BIM 模型 三维剖切 视图	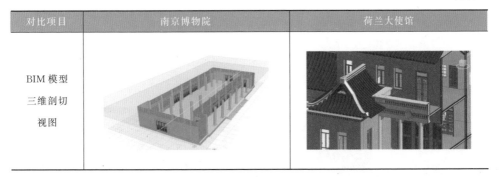	

6.8　东南大学大礼堂·东南大学孟芳图书馆

东南大学四牌楼校区的大礼堂（图 6.55）和图书馆（图 6.56）都是民国时期所建，为国家级文保建筑，伫立在校园的中轴线中央大道上，也是东南大学标志性建筑物。两栋建筑主立面构图中均设置了精美的爱奥尼亚式列柱，建筑造型宏大，是很多电影拍摄的选定场景，充分表现了历史建筑高度的文化价值。这两个建筑在建成后的特定历史阶段均由著名建筑大师杨廷宝主持对原建筑进行了扩建。

图 6.55　东南大学大礼堂

图 6.56　东南大学孟芳图书馆

6.8.1　东南大学大礼堂

东南大学大礼堂（图 6.57）为原国立中央大学大礼堂，建筑风格属欧洲文艺复兴时期的古典式建筑风格。

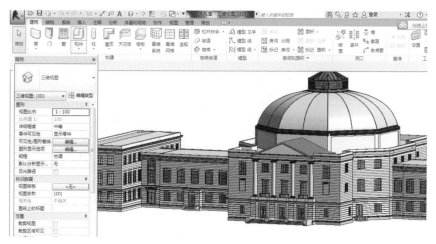

图 6.57 东南大学大礼堂 BIM 模型

大礼堂建于 1930 年，由英国公和洋行设计，新金计康号营造厂建造，建筑面积 4320m²，钢筋混凝土结构，三层，占地面积 2026m²。大礼堂内设有观众席三层，共 2300 个座席；观众厅南面为宽大的门厅，四周有水磨石回廊，北部为镜框式讲台。

大礼堂曾兼作过民国某段时期的国民大会堂，国民政府第一届全国代表大会曾在这里召开（图 6.58）。当时民国政府以国民会议的名义拨了 51 万银元续建大礼堂，直到 1935 年孔祥熙建议另建一所国民大会堂即今天长江路上的人民大会堂。大礼堂的一个重要特征是顶部为钢结构穹顶（图 6.59），高 34m，外部为球体状，穹隆顶部用青铜薄板覆盖，自然锈蚀的铜绿形成一层保护膜，在灰白色的建筑主体映衬下，显得分外耀眼。球体顶部设有八边形采光窗。大礼堂的底层开三门作入口，门厅立面上部有四根古希腊爱奥尼亚式列柱。檐口之上做山花。脚线、柱式、穹顶和整体比例均十分出色（图 6.60）。

图 6.58 民国时期大礼堂曾举办国民会议

图 6.59 大礼堂穹顶内景

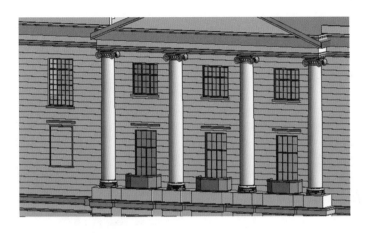

图 6.60　BIM 模型之檐口山花和欧式立柱

　　1965 年在大礼堂东西两翼加建了三层教学楼两座，与大礼堂对称。扩建的教学楼由著名建筑学家杨廷宝设计，建筑物占地面积 848m²，建筑面积 2544m²。在大礼堂的历史中比较重大的修缮活动不多，尤其是它内部的三层观众席，上部两层出挑极大，反映设计和营造单位在结构计算与施工方面的能力，在当时已属挑战，长期使用后结构安全度有所下降。根据 2012 年东南大学基建处关于大礼堂二三层看台的安全性说明，校方未能找到二三层图纸，检测单位也未能对看台部分作检测鉴定，仅猜测二三层看台大梁可能是钢结构，最终并未对看台进行加固，只是在 2012 年百年校庆时从安全性角度对看台的使用加以控制，限制上人荷载。

6.8.2　东南大学孟芳图书馆

　　东南大学老图书馆（图 6.61）也是南京地区爱奥尼亚式建筑的代表作品，位于大礼堂的西南侧，与大礼堂毗邻，但是初建历史早于大礼堂，而扩建则在大礼堂建成之后。

　　东南大学老图书馆又称孟芳图书馆，为江苏督军齐燮元以其父之名命名，获江苏督军齐燮元捐助，终独资建馆并置配套设备。其 1922 年立基，1923 年落成，耗资 16 万银元，张謇题匾。图书馆平面呈倒 "T" 形，地上二层，局部地下一层，正中为主要入口门厅，前部两层为办公室和阅览室，后部为书库。内部为钢筋混凝土结构，外部采用标准的爱奥尼亚式柱廊、山花、檐部等西方古典形

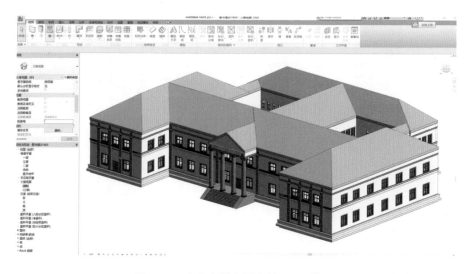

图 6.61 东南大学老图书馆 Revit 模型

式构图，并用仿石材构造的水刷石粉面，整个建筑造型十分严谨，比例匀称，细部装饰精美。现建筑的两翼及书库系 1933 年 10 月扩建完成，扩建面积 1305m²，扩建后总面积达 3813m²。在原馆两侧加建阅览室，背后扩建书库，原平面被改为"日"字形，留有内部小院两个，以利通风采光。扩建工程由基泰工程司关颂声、朱彬、杨廷宝三位建筑师设计，张裕泰营造厂承建。

孟芳图书馆历年修缮较多，现档案中保留了 3 次以上重大修缮记录，既有民国三十六年（1947 年）大业公司修缮记录，也有新中国成立后南京工学院时期的修缮图纸（图 6.62），最新的大规模修缮发生在 2012 年（图 6.63）。2012 年的修缮比较彻底，根据修缮前的建筑质量检测报告，建筑结构现状和受力特性已无法满足使用要求。考虑到建筑内部框架混凝土梁柱和楼板已趋于老化，不符合建筑抗震设计规范，故进行全面的修缮加固，但以保护为主、改造为辅，尽最大可能利用原有的建筑结构构件，结合实际采取提高结构性能的加固改造措施，减少对原有结构的破坏；在保证修旧如旧的基础上把原有部分砖混结构转换为框架结构，并与原框架结构连接，成为一个整体；在不破坏外立面的前提下对所有外墙内侧进行单面夹板墙加固，构造柱和圈梁采用增大截面法进行加固，图书馆内部空间也随着结构修缮调整。

表 6.2 对比列出了东南大学大礼堂与图书馆两栋历史建筑的建筑信息图档。

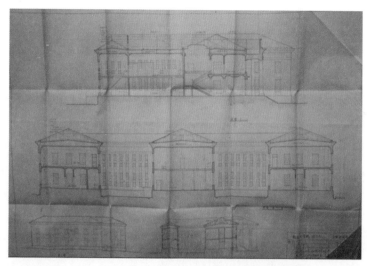

图 6.62　新中国成立后南京工学院时期的修缮图纸

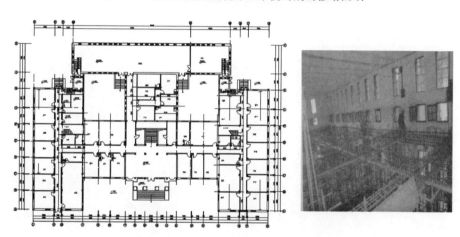

图 6.63　2012 年的修缮图纸和施工照片

表 6.2　历史建筑信息列表（东南大学大礼堂和孟芳图书馆）

对比项目	东南大学大礼堂	东南大学孟芳图书馆
修缮后的 现状		

对比项目	东南大学大礼堂	东南大学孟芳图书馆
修缮前的历史照片		
BIM 模型		
BIM 模型剖切视图		
扩建部分二维图纸		
扩建部分图片		

续表

对比项目	东南大学大礼堂	东南大学孟芳图书馆
扩建部分 三维模型		
修缮加固档案 （一）		
修缮加固档案 （二）		

6.9 金陵制造局机器大厂·浦口火车站

金陵制造局机器大厂与浦口火车站都是历史超过百年的国家级文物保护建筑，建成年代久远。

6.9.1 金陵制造局机器大厂

金陵机器制造局机器大厂建于 1886 年，设计者为英国技师波列士哥德。1865 年李鸿章代理两江总督，在南京聚宝门（今中华门）外西天寺废墟上创办金陵机器制造局，1883 年聘雇黑鲁洋行的技师波列士哥德设计和监督厂房的建造，因此机器大厂是金陵机器制造局最晚建成也是最具规模的建筑（图 6.64）。

图 6.64　金陵制造局机器大厂实景图片和 Revit 模型

6.9.2　浦口火车站

津浦铁路始建于 1908 年（清光绪三十四年），于 1912 年（民国元年）全线建成通车，修建速度之快为清代铁路之最。作为津浦铁路南端的终点，浦口火车站则是 1914 年建成的，是中国唯一保存民国特色的火车站。相比火车站的候车大楼、售票房，给人留下深刻印象的却是直通月台的单柱伞形长廊（图 6.65）。长廊采用了钢筋混凝土结构，是南京最早采用钢混结构的建筑之一，这也是朱自清的散文名篇《背影》发生的场景。图 6.66 所示是连接轮渡码头的拱形雨廊，毛泽东送留法学生去上海在此处陷入困顿，相关故事被斯诺的《西行漫记》所记述。

图 6.65　浦口火车站单柱伞形长廊实景和 Revit 模型

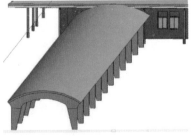

图 6.66　拱形雨廊实景和 Revit 模型

　　相比浦口火车站的大名赫赫，金陵制造局机器大厂蛰居在晨光机器厂的旧厂区内，对外界的影响不及浦口火车站。机器大厂曾为厂史陈列馆，建筑面积共 1700m²，为跨度达 36m 的两层建筑。其结构特异之处不在材料，而是采用了西方工业建筑之前从未见过的张弦式结构形态（图 6.67），也即在机器大厂之前英国乃至欧美的工业建筑中并不存在这样的屋架与屋梁原型，这是一个异常的技术跳跃。浦口火车站大楼四周的走廊虽然也是南京最早一批采用进口热轧 H 型钢建造的建筑（图 6.68），却在中国近代建筑的技术发展史上并未留下值得大力书写的印记。

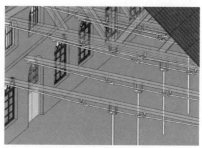

图 6.67　机器大厂实景和 Revit 模型

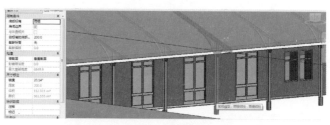

图 6.68　浦口火车站型钢走廊 Revit 模型

　　表 6.3 对比列出了机器大厂与浦口火车站两栋历史建筑的建筑信息图档。

表 6.3　历史建筑信息列表（机器大厂和浦口火车站）

对比项目	机器大厂	浦口火车站
修缮后的现状		

对比项目	机器大厂	浦口火车站
修缮前的历史照片		
BIM 模型（一）		
BIM 模型（二）		
二维视图		
BIM 三维剖切视图		
标志性结构		

对比项目	机器大厂	浦口火车站
细部结构 BIM 模型	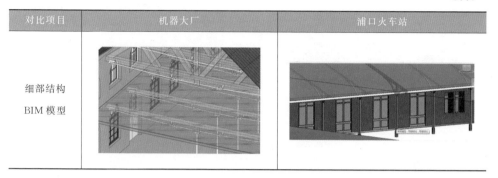	

6.10   东南大学体育馆·工艺实习场

东南大学体育馆（图 6.69）和工艺实习场（图 6.70）属于国家文保建筑，两建筑毗邻，建成年代相近，形式都很简洁。体育馆开建于 1922 年 1 月 4 日，与四牌楼校区前院的孟芳图书馆同时举行开工奠基典礼，然而立面与图书馆采用的精美设计相比大为简化，显示了体育馆的建造以功能实用为主。毗邻的工艺实习场建造年代更早，也是东南大学现存最早的大型民国建筑，基于其特定历史时期的技术条件，其建造较多地强调功能，将实用与适用发挥到极致。建筑结构上，体育馆和现状的工艺实习场均采用了三角屋架，但体育馆应用了更为先进的钢结构组合屋架（图 6.71），工艺实习场的木屋架施工则较为简陋粗放（图 6.72），两建筑的屋架在用材和建造细节上显示出了较为明显的差别。

图 6.69   东南大学体育馆

图 6.70   东南大学工艺实习场

图 6.71　东南大学体育馆历史图片　　　　图 6.72　工艺实习场木屋架

6.10.1　东南大学体育馆

东南大学体育馆建成后不仅作为体育健身之所，许多重要活动亦常于此举行，英国哲学家罗素、美国教育家杜威、印度诗人泰戈尔等均曾在此作过讲演。图 6.73 所示为东南大学体育馆的 BIM 模型。体育馆为砖木结构，高三层，钢组合屋架，木楼地板，占地面积 1185.16m²，建筑面积 2316.92m²。入口处门廊采用西方古典柱式。2002 年原铁皮覆盖的玻璃顶屋面因漏雨改为彩钢顶。

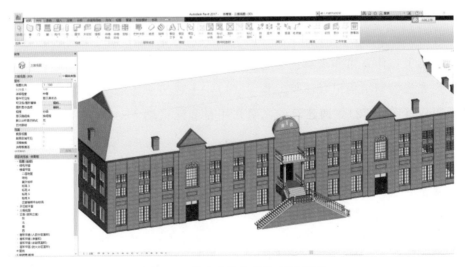

图 6.73　东南大学体育馆 BIM 模型

与东南大学现存的其他民国建筑一样，体育馆明显受到了西方建筑史上折中主义复古思潮的影响。入口处两根光洁高大的圆柱、西式扶梯双路上下、拱形窗，甚至两个小尖顶，以及尖顶旁装饰的烟囱，无一不显示着西方古典复兴手法，突出入口、强调对称（图 6.74）。无论是同时建造的图书馆还是迟了一个年代的大礼堂，入口处的爱奥尼亚式列柱及山花构图都精致秀美，极为考究。相比之下，体育馆从外观上来看简洁得几乎朴素，没有一丝修饰。

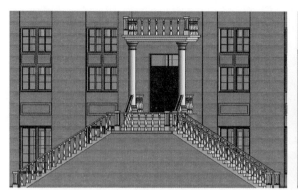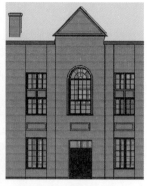

图 6.74　东南大学体育馆圆柱、西式扶梯、拱形窗 BIM 模型

图 6.75 与图 6.76 分别为民国时期体育馆设计图纸及建成后新林记营造厂对体育馆屋顶进行修缮的档案记录。

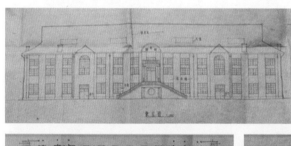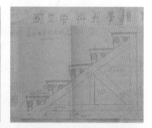
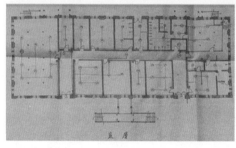

图 6.75　民国时期东南大学体育馆设计图纸

6.10.2　工艺实习场

工艺实习场建于 1918 年，西南角墙壁上刻有"南京高等师范学校工场立础纪念民国七年十月建"的字样。它是中国近代历史上最早的工艺实习场所，也是

最早的工程实践教育基地。其主体为砖木结构，高二层，面阔十二开间，进深三间，东西对称。其经过多次翻建，最初建造时为平屋顶，墙壁用明代城墙砖砌造。现存档案显示，最早在民国时期作为中央大学航空系实验室改造布置时设计图纸中已出现三角屋架（图 6.77）。

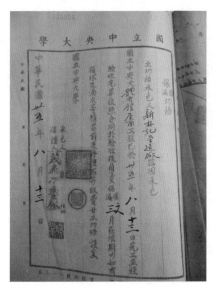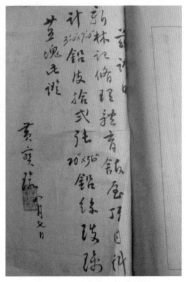

图 6.76 民国时期新林记营造厂对体育馆屋顶进行修缮的档案记录

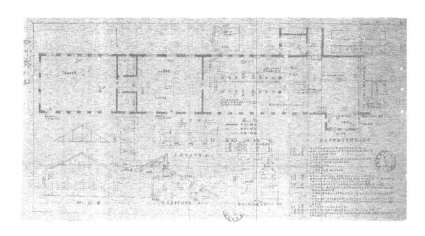

图 6.77 工艺实习场民国时期改造图纸

图 6.78 所示为 2012 年工艺实习场修缮改造为校史纪念馆时的 BIM 模型，图 6.79 所示为加固图纸和施工现场图片。

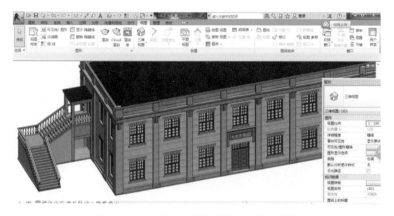

图 6.78　工艺实习场修缮改造 BIM 模型

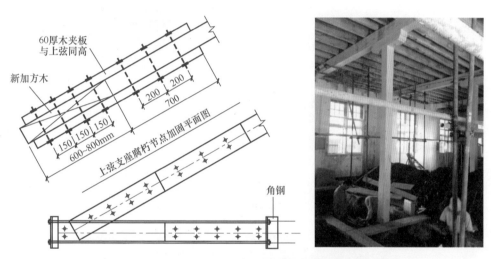

图 6.79　工艺实习场修缮改造加固图纸和施工现场（2012 年）

表 6.4 对比列出了东南大学体育馆与工艺实习场两栋历史建筑的建筑信息图档。

表 6.4　历史建筑信息列表（东南大学体育馆和工艺实习场）

对比项目	东南大学体育馆	工艺实习场
历史照片		

对比项目	东南大学体育馆	工艺实习场
修缮后的现状		
BIM 模型		
二维图纸		
修缮记录		
BIM 三维剖切模型		

6.11 东南大学生物馆与科学馆

6.11.1 东南大学生物馆

生物馆（现为东南大学中大院，东南大学建筑学院所在地）在大礼堂的东南侧，与科学馆（现为东南大学健雄院）前后毗邻，建于 1929 年，由留法建筑设计师李宗侃设计，上海金祥记营造厂承建。李宗侃后期在监造国民大会堂的设计意见中强调加入中国传统因素，但生物馆却是典型的西方古典风格。其三层教学用房占地面积 1350m²，建筑面积 4049m²（包括 1957 年由杨廷宝设计加建的两翼绘图教室面积）。建筑立面造型与东南大学孟芳图书馆相似，坐北朝南，正面为爱奥尼亚柱式门廊，门廊上部墙面装饰有史前恐龙图案（图 6.80）。

图 6.80 东南大学生物馆

6.11.2 东南大学科学馆（健雄院）

东南大学健雄院在民国时期为中央大学科学馆，现为无线电工程系系馆。建筑由洛克菲勒基金会出资，上海东南建筑公司设计，三合兴营造厂承建，1927年落成。建筑占地面积 1748m²，砖木结构，中部四层，两翼三层，地下室一层；坡屋顶，屋顶设有老虎窗。入口处建有高大的雨篷，雨篷用西方古典风格的立柱支撑。大门为拱券形，大楼中部设有东西向的内廊。健雄院始建于 1909 年，原为两层，1923 年遭火灾，经过复建改为三层。建筑平面呈"工"字形，爱奥尼亚柱式门廊前伸，无山花，二楼檐下有浮雕纹样装饰。拱形门三个，门窗为铁铸镂花，正门内为扇形大演播室（图 6.81）。

图 6.81　东南大学科学馆

表 6.5 对比列出了东南大学生物馆与东南大学健雄院两栋历史建筑的建筑图档信息。

表 6.5　历史建筑信息列表（东南大学生物馆和东南大学健雄院）

对比项目	生物馆	健雄院
BIM 模型		
历史照片		

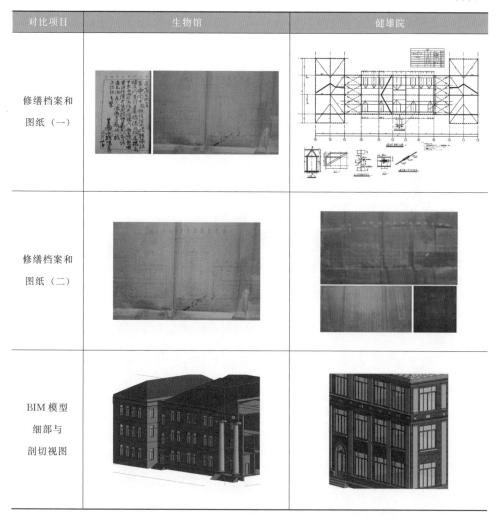

对比项目	生物馆	健雄院
修缮档案和图纸（一）		
修缮档案和图纸（二）		
BIM 模型细部与剖切视图		

6.12 民国海军医院·和记洋行英国总监办公楼

南京民国海军医院与和记洋行英国总监办公楼的修缮设计过程都比较曲折。两建筑项目实际检测鉴定与测绘结果冲突较大，前者原承重砖墙酥碎损毁严重，必须重新考虑原定钢筋网板墙加固效果，最终修缮设计更换了部分酥裂墙体重砌，而和记洋行项目则在修缮过程中对结构体系做了调整。

6.12.1　民国海军医院

　　海军医院旧址为民国时期的海军医疗机构，是南京乃至全国现存为数不多的近代医疗建筑中极具价值的一处。其位于下关区江边路 30 号，西侧毗邻长江，北侧可以望见南京长江大桥。该组群中共有主体建筑两栋，分别是位于场地南侧占地面积约 1363m² 的长条形建筑（南楼，见图 6.82）和位于场地北端占地面积约 806m² 的"凹"字形建筑（北楼）以及北端建筑的配套门房一对。

图 6.82　海军医院旧址南楼与 BIM 模型

　　根据检测报告，现状建筑南侧段原状保存较好，挑高的屋檐、花瓶栏杆护栏、窗花挂落、罗马柱及铁栅栏花框等保存较好；北侧段加建改建严重，内部空间被重新划分。建筑由外墙承重，为 240mm 厚青砖墙，采用 50mm×120mm×255mm 普通烧结砖砌筑，内为 90mm 厚木板条墙体及后期加建的 120mm 厚砖墙。本次修缮改造中保留建筑外墙体，拆除全部内隔墙，建筑外墙采用钢筋网砂浆面层进行加固。对大面积拆除毁损的外墙，定制了一批青砖，确保修旧如旧。木屋架主要包括木屋架主体结构部分（上弦杆、下弦杆及腹杆等）和吊顶部分（木龙骨及木板条），构件之间采用金属连接件、保险螺栓等连接。现状木质构件腐朽严重，局部构件有腐烂、虫蛀等状况。木柱普遍存在竖向裂缝，根部存在偏移。修缮时没有采用可能会产生破坏的落架大修方式，而是用钢脚手架等支撑起老房子的"骨架"（图 6.83），用环向包裹碳纤维布的方式提高木构件的抗弯承载力和抗裂性能。图 6.84 为南楼修缮前后的照片，建筑师以最大可能诠释历史建筑修旧如旧的原则，在现实条件下探索了历史建筑再利用的途径。

图 6.83　Revit 模型阶段化模式反映钢结构脚手架支撑修缮过程

图 6.84　海军医院旧址南楼修缮前后的照片

6.12.2　和记洋行英国总监办公楼

和记洋行也在著名的南京长江大桥桥下（图 6.85），临近上述下关海军医院旧址。它是南京开埠后外国资本家在下关开办的第一家工厂，俗称"英商南京和记洋行"。

图 6.85　和记洋行建筑南立面和西立面

　　和记洋行英国总监办公楼是和记洋行厂区内的一栋二层建筑，位于里厂区北侧，建于 1915 年，钢筋混凝土结构，高两层，四坡屋顶，建筑面积 1677.6m^2，为江苏省文物保护单位。建筑平面总体呈"P"形，南立面稍长，中间有方形天井。建筑造型具有英国折中主义的特征，青灰色外立面水刷墙面，门厅有红色门套，檐口、门楣装饰精美，石质勒脚，线脚挺括，窗套、窗饰、门套、门钉花纹相当精致，线脚丰富。图 6.86 所示为总监办公楼历史图片，图 6.87 所示为总监办公楼的 BIM 模型。

图 6.86　民国时期和记洋行图片

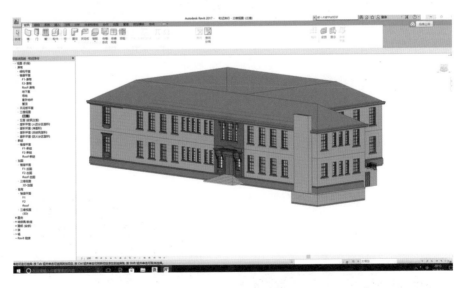

图 6.87　和记洋行英国总监办公楼 BIM 模型

　　和记洋行英国总监办公楼 2014 年完成修缮，由于其外立面的精美装饰和复杂线脚，保护价值极高。虽然建筑是混凝土框架结构，内部的梁柱采用了混凝土构件包钢加固方法，但对外墙框架梁柱的加固相当慎重。采用外包钢加固方法会对外立面造成破坏，很难恢复到原状，因此在外墙部分应用了砌体结构常用的混凝土板墙内侧单面加固，事实上改变了结构的承重方式。

图 6.88　和记洋行混凝土构件加固施工

表 6.6 对比列出了海军医院（北楼）与和记洋行两栋历史建筑的建筑图档信息。

表 6.6　历史建筑信息列表（海军医院与和记洋行）

对比项目	海军医院	和记洋行
修缮后的现状		
BIM 模型		
修缮前的历史原状		

对比项目	海军医院	和记洋行
修缮加固 施工图片		
BIM 模型 三维剖切 视图		

第 7 章
历史建筑的 HBIM＋

7.1　为什么要 HBIM＋

建筑行业对 BIM 的认知目前基本是统一的：BIM 模型文件通过数字信息仿真模拟建筑物所具有的真实信息，信息的内涵不仅仅包含几何形状描述的视觉信息，还包含大量的非几何信息，如材料的耐火等级、材料的传热系数、构件的造价、采购信息等。BIM 实际上是通过数字化技术在计算机中建立一座虚拟建筑，一个建筑信息模型就是提供了一个单一的、完整一致的、逻辑的建筑信息库。

显然，BIM 的精髓是"I"，也就是"信息"。信息是 BIM 应用的基础，一切 BIM 行为都是建立在信息基础上的。将 BIM 拓展到 Web 平台构成 Web 环境下的 BIM＋，同样也是信息的需要。在 Web 上构建 BIM＋，基本的层次是将几何与属性如材质信息等导出，更高的层次则是将 BIM 中的关联关系导出，如空间或房间信息及其边界、出入口、包含的设备之间的关系，还有专业系统的逻辑关联信息等，这些信息对于 BIM 的分析、建筑的运维与空间规划都起着至关重要的作用。

BIM＋是一个集大数据的平台模型，最终的表现形式是可视化的多维度、多用途、多功能的计算机图形模型（图 7.1），所以模型最终是以多维度、多用途、多功能的模型计算机图形的形式显示在设备上。然而，将 HBIM 拓展到 HBIM＋却不能简单等同于将 BIM 拓展到 BIM＋，要满足更多的需要，有些路径和方法并不能完全照搬。

2013 年 Rebekka Volk 研究了基于已建成建筑创建 BIM 模型的困难所在[39]：

"Results show scarce BIM implementation in existing buildings yet, due to challenges of (1) high modeling/conversion effort from captured building data in-

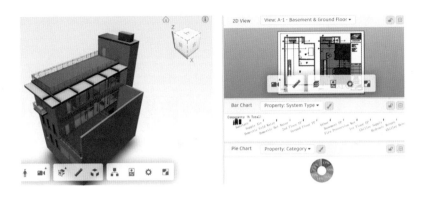

图 7.1　BIM＋平台示例

to semantic BIM objects，（2）updating of information in BIM and（3）handling of uncertain data，objects and relations in BIM occurring in existing buildings."（三个方面的挑战造成既有建筑 BIM 模型创建不易成功：①从建筑测绘所捕捉的数据转换到语义 BIM 对象的效率问题；②BIM 模型中的信息更新问题；③从实际建筑中所提取数据和对象之间关系的抽样不确定性问题。）

　　由此类推，历史建筑比一般的既有建筑具备更多的属性标记，无论 HBIM 是作为 BIM 的特殊分类还是新方向，HBIM＋都存在通常 BIM＋不关注或者不愿专注的信息维度。就 HBIM＋而言，"单一模型"模式在实践中是不切实际的，基于不同阶段、不同目的、不同的参与者等因素，有必要根据 HBIM 模型的应用场景做 BIM 模型之外的补充。HBIM＋平台除了必须支持海量 BIM 数据（如构件信息、空间信息、视图信息……），未来应该转入云端结构化存储，以方便快捷地获取数据；同时，平台在 BIM 模型之外应对属性加载时间维度下的历史信息，利用云平台提取和分析这些属性。而遗产建筑的历史专属信息也并不需要事无巨细地全部加载到模型中，这简化了模型本身承担的任务，利用轻量化的 BIM 模型减轻 Web 负载，实现在 Web 系统中显示三维 BIM 模型（图 7.2），以更直观的视角和更深刻的观察工具对历史建筑的全生命周期进行精细而丰富的解读[40]。

　　没有历史事件的载入，历史建筑的价值体现是打折扣的。事实上，历史价值相应的历史信息及其相关来源均应系统、真实、全面地记录和分析，与遗产本体即"真品"一起构成遗产真实性。很多历史建筑已非从前的功能和形态，唯有建

图 7.2　Web 系统中显示的三维 BIM 模型

筑的周围和内部唤起的历史和现实事件以及事件所带来的反响才使得遗产被活化为建筑。历史建筑作为历史的见证者，除了其建筑实体及空间态所具有的艺术价值之外，更重要的是它作为历史场景所承载的与之相关的物件与事件，这些资料帮助形成所谓历史建筑的"群体记忆"[41]，即在"一个特定社会群体之成员共享往事的过程和结果"中历史建筑对保证集体记忆传承所起到的作用，然而这些具备历史主体背景所凝聚的历史气息却很难作为信息有机嵌入 Revit BIM 模型加以解读。

对历史建筑而言，基于 HBIM＋整合的业务系统必须真实、客观、系统地记录和分析这些相互关联的新旧信息，附加的历史遗产信息并不放在模型本身，而是放在模型所在网页上，所构成的建筑遗产数字模型在动态三维视图和文本知识两种信息维度都能呈现图书馆阅览室式的充分展示，信息强度和容量都大幅提升，更好地创建历史建筑沉浸于历史事件中的场景感。

图 7.3 和图 7.4 所示为自建 HBIM＋集成框架下的南京民国建筑东南大学工艺实习场和健雄院，在 B/S 模式下嵌入 BIM 模型，网页 iFrame 中嵌入的三维模型可在云上浏览剖切，全方位了解构件的分级层级，配合的网页提供了相关的历史信息和照片，包括详细的建筑师介绍、工程背景、修缮过程、历史事件等。

图 7.3 东南大学工艺实习场 WebGL BIM 爆炸视图

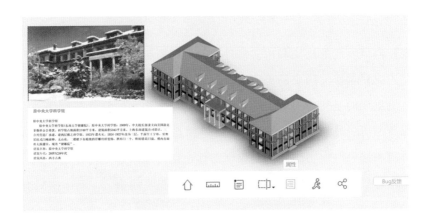

图 7.4 健雄院 B/S 模式内嵌 BIM 模型

HBIM＋框架下 BIM 模型协同各类历史事件信息的浏览，时间和地理跨度限制减少，可随时加载最新的时间切片，增强 HBIM 的信息完备性，而历史建筑的 HBIM＋时间属性以及群组聚类强化了历史建筑之间的关联性（如相互地理关系）。例如，东南大学标志性建筑四牌楼校区大礼堂被 2016 年收视率非常高的电视剧《人民的名义》选作取景地（图 7.5），影响非常大，慕名而来的参观者、观摩者络绎不绝。社会热点可以扩大相关联历史建筑的信息扩散和影响范围。大礼堂的网页（图 7.6）被搜索后可以通过链接跳转到工艺实习场和健雄院的 HBIM 模型的相关链接，扩大当前非热点历史建筑的影响，形成公众对历史建筑的"群体记忆"，增强社会对建筑遗产保护的认识，感受历史建筑的生命沧桑，基于 HBIM＋挖掘出历史建筑遗产的隐藏价值。

图 7.5　东南大学大礼堂取景

图 7.6　东南大学大礼堂的网页

7.2　WebGL 平台

HBIM＋离不开 WebGL 解决方案，最新 Web 技术的发展，尤其是 HTML5/WebGL 技术的成熟，为在 Web 和移动端显示 BIM 模型提供了新的选择。HTML5/WebGL 技术使用原生浏览器本身的功能，不需要下载安装任何插件即可在 Web 端浏览和显示复杂的三维 BIM 模型或二维 dwg 图纸。同时，它支持 Firefox、Google Chrome 等浏览器，在 iOS、Android 设备上也可以运行，几乎在所有浏览器、所有设备上都可以使用。使用 WebGL 技术做 BIM 模型的浏览和显示，需要把原始 BIM 模型进行解析，各阶段涉及的模型或者数据比较多，这就给三维可视化提出了严格的要求。

用 WebGL 技术在浏览器端或移动端对 BIM 模型进行重新绘制渲染，对技术水平要求较高。Autodesk 的 View and Data API 技术的推出使这个过程得到简化，进一步降低了对 BIM 模型预处理的难度，使得基于 HTML/WebGL 技术对 BIM 模型的 Web 浏览、分享及协作更简单。Autodesk View and Data API 由两部分组成，对于 BIM 模型的预处理等技术复杂度高的工作以云服务的形式提供，用户可以以 REST 的方式调用；同时，浏览器端提供基于 JavaScript 的 API，方便对模型做更精细的控制以及和其他业务系统做深度集成[42]。

基于 Autodesk View and Data API，Autodesk 公司于 2016 年年底发布了 Forge 图形引擎新产品，其主要功能是基于轻量化模型的二次软件开发，依托于 Forge 软件提供的 API 接口，可以比较简便地创建出符合自己专业需求的软件应用。

Forge 对于三维模型支持以下功能：

1）支持标准视角的切换。

2）支持按属性过滤条件隔离构件。

3）支持浏览方式的切换。

4）支持对三维模型进行剖切。点击"剖切"按钮，可以沿着三个坐标轴方向剖切模型，并且可以旋转剖切过的模型以方便查看。

Forge 创建的模型整合到 Web 系统中，在 Web 中可以利用"构件树"功能按照专业、楼层或者某类构件（如结构柱、窗等）查看局部模型。选中关注的构件，单击"属性"按钮，屏幕就会出现该构件的所有相关信息列表，同时可根据规定的属性筛选符合条件的构件。

该模型浏览器提供了内置的三维模型浏览查看功能，如模型的缩放、旋转、视点跳转等，同时提供了模型目录结构树浏览、模型组件的隐藏与显示、模型组件的信息显示与搜索，而且内置的模型测量工具可以对模型组件长度、角度、面积等多种参数进行量测（图 7.7），内置的剖面工具可以在任意平面上对模型进行剖切，从而查看模型的内部结构。

Forge 对于国内用户的缺陷是其作为 Autodesk 的产品限制较多，如只能读取 Revit 模型文件，同时 Forge 的服务器在美国，因为服务器的问题，有时网速过慢，而政府部门也在加强对建筑数据的保护，重要建筑有较高的数据安全性需求，数据会限制存储在国外服务器上，因此基于建筑 BIM 数据安全和转换效率的要求，国内的 HBIM+需要依托 WebGL 在国内寻找稳定的平台。近年来国内的 WebGL 也

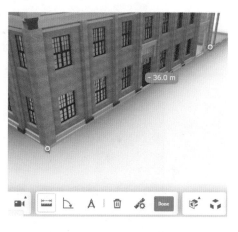

图 7.7　Forge 浏览器中的东南大学工艺实习场 BIM 建筑测量

已开始发展，如毕加索 BIMSOP 的产品，其 BIMSOP 协同平台通过将 BIM 模型进行轻量互联网化的格式转换，将 BIM 的数据进行无损压缩并转存到分布式云存储上，让其通过轻量模式的模型数据传输和加载实现在浏览器端（利用 WebGL）就能查看建筑三维模型的功能，而无需安装任何插件或者软件。

BIMSOP 产品支持数十种工程文件格式在云端转换[43]，如 *.ifc，*.rvt（插件），*.rfa（插件）等，支持 BIM 数据（如构件信息、空间信息、非几何信息等）在云端结构化存储，完整保留原始文件信息，包含材料、尺寸、型号等（图 7.8）。

BIMSOP 提供的显示组件开放了众多 API，开发人员通过阅读 JavaScript 文档能够改变模型构件或图纸的显示状态（显示/隐藏模型、着色、设置透明度等，

见图 7.9），并在显示的基础上增加外部元素（如标签、批注、文字等），在 Web 端模型的指定位置添加 Tag、Label 或者 Markup 用于标注[43]（图 7.10）。

图 7.8　BIMSOP 毕加索平台完整保留原始文件信息

图 7.9　BIMSOP 毕加索平台模型组件的显示控制

图 7.10　BIMSOP 毕加索平台可任意增加标注

该平台也提供了各种文档的上传下载与历史版本管理、BIM 模型的云端格式转换与网页端三维展示、BIM 模型的历史版本对比及审阅批注和文档搜索、施工进度管理等功能。平台用户可以控制模型的访问权限，也可以使用密码和时间期限来分享模型，或使用 iFrame 嵌入博客或社交媒体的分享方式（图 7.11）。

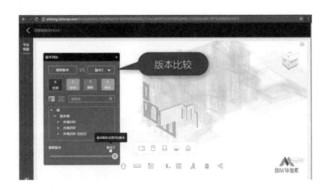

图 7.11　BIMSOP 毕加索平台历史版本对比

相比于 Autodesk 的国外服务器上的 Forge 平台，利用 BIMSOP 协同平台创建 HBIM＋的最大优势在于其允许用户对云产品的安全性进行控制，支持私有部署，可以部署到团队的内网，彻底打消了用户对 HBIM 数据安全性的顾虑，保证数据的私密安全，同时提供应用程序扩展接口（API）供第三方集成使用，满足了国内用户数据安全和转换效率的要求。

7.3　操作示范

7.3.1　平台引擎选择

对 HBIM＋引擎的选择考虑以下要求：

1）B/S 免插件架构，方便嵌入集成至业务系统中，形成 BIM＋业务系统的解决方案。

2）前端基于 WebGL 优化，可通过 Web 浏览器直接运行，脱离大型软件或插件环境。

3）浏览器端提供基于 JavaScript 的 API，方便对模型做更精细的控制以及和其他业务系统做深度集成。

　　Autodesk Forge 和毕加索 BIMSOP 协同平台都符合上述需求，但前者除了上述国外服务器造成的数据安全和相应效率问题外，最新的 Forge 上传云模型对非 vip 客户限制一个月保存期，逾期将自动清零（图 7.12），这基本关闭了大批非商业用户组建 HBIM＋的可能通道。因此，BIMSOP 毕加索协同平台成为目前阶段 HBIM＋系统的较为现实的选择。

图 7.12　Autodesk Forge 平台云模型有效期显示

7.3.2　模型组库

　　选择毕加索平台的云端服务，创建不同格式的模型进行解析，上传到云端（图 7.13）。

图 7.13　BIMSOP 毕加索协同平台的云模型

　　虽然 BIMSOP 协同平台号称支持众多类型的模型，但经实际测试，目前其仅支持 ifc 文件的导入，支持对 Revit 2014 版到 2017 版的模型上传，每个模型在云端转换，解析时间根据模型的大小和复杂性决定，获得云端共享密码。

　　图 7.14 所示为对南京民国建筑按行政军政建筑、使馆公馆建筑、公共教育建筑等类别抽取有代表性建筑的 BIM 模型上传到云平台组成的模型库。

图 7.14　南京民国建筑 BIM 模型库

7.3.3　框架集成及实例

这一步是将云平台上选定的模型嵌入自己的浏览器空间，集成到自己的业务系统。

BIMSOP 毕加索平台提供了云上模型的链接分享方式，也可以以 iFrame 方式分享（图 7.15）。

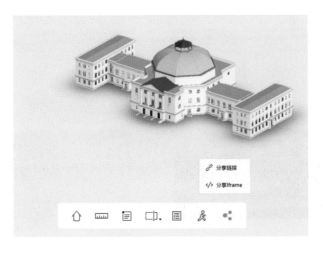

图 7.15　BIMSOP 毕加索平台的云模型浏览

分享链接可以设置失效时间，由用户确定（图 7.16）。

图 7.16　BIMSOP 毕加索平台的云模型有效期设置

分享后 HBIM＋框架内可以通过编程的方式对模型浏览器进行控制，通过相机参数的控制实现视点跳转和模型自动旋转，获取属性信息以便和其他系统集成，捕捉用户事件以及创建风格一致的用户界面等。简而言之，HBIM＋通过将业务功能与 BIM 场景进行集成开发，能够支持 BIM 模型浏览、漫游、视点跳转、属性查看、剖切、测量、过滤、查询等各种操作（图 7.17），而经过轻量化处理的模型只需普通的网页浏览器就可以实现相关模型构件的点选缩放显示和相关 BIM 数据提取，大大提高了 BIM 模型应用的普及性和便捷性。

图 7.17　WebGL 下模型的控制图标

用 JavaScript 可把模型嵌入浏览器中并和其他系统做集成。网站前端基于 WebGL 优化，可通过 Web 浏览器直接运行，脱离大型软件或插件环境；模型浏览器以及 Web 浏览器端提供基于 JavaScript 的 API，方便对模型做更精细的控制以及与其他业务系统做深度集成。例如，图 7.18～图 7.21 分别列出了网站按使用功能分类组织的 WebGL 网页（景园类，如灵谷塔、永丰诗社、中山陵祭堂、中山陵牌坊等；居住类，如友谊厅、督军府 C 字楼、美龄宫、笼子巷住宅等；官邸类，如总统府大门、宁远楼、总督府、明远楼等；科研文教类，如南京大学北大楼、中央研究院历史研究所、北极阁气象塔、紫金山天文台等），网页嵌入相关南京民国建筑 BIM 模型并扩展集成相应的信息资讯。

图 7.18　景园类民国建筑 WebGL 网页

图 7.19　居住类民国建筑 WebGL 网页

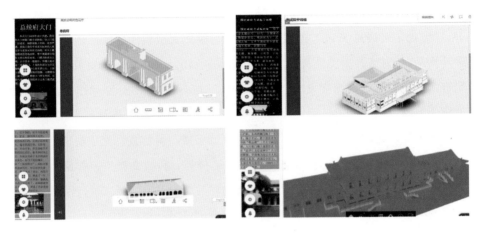

图 7.20　官邸类民国建筑 WebGL 网页

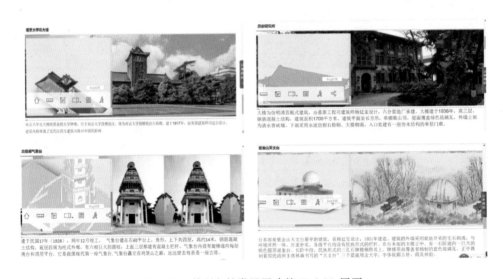

图 7.21　科研文教类民国建筑 WebGL 网页

上述网站图片显示，HBIM＋基于 WebGL 的浏览框架在系统的丰富性和灵活性之间取得了较好的平衡，对比第 6 章非 WebGL 模式下的 BIM 文档混合架构，其在以下几个方面具备独特的优势：

1）强化互操作性。Web 的页面互操作性具有网络交互特色，在 Web 上实现三维模型完全互操作性代表一个非常重要的变化，能更有效地管理历史建筑的原型参数（图 7.22），对模型库的三维构造解析拥有比静态图片更丰富的信息内容。

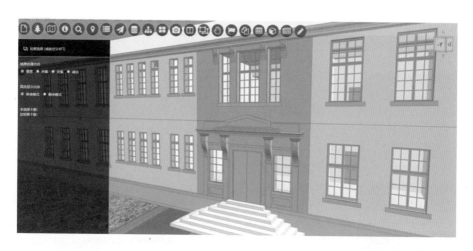

图 7.22　下关和记洋行英国总监办公楼 Web 页面的控制图标

2）跨域多源数据。建筑遗产文档任务通常涉及来自不同知识领域的专业人员，这意味着异类的数据源、数据结构、内容和格式需求。在文化遗产领域，Web 环境架构非常适合面向 BIM 的方法，数据收集器可以生成由各种主题和历史信息、结构信息、保护或恢复状态等几何信息和非几何信息组成的混合数据（图 7.23），可将照片、图档与任何三维数据的 空间属性与物理元素相融合，最终将建筑遗产的语义、空间和形态维度的多维数据有效整合。

图 7.23　HBIM＋可容纳包含图片、语料云以及各类图像的混合数据

3）广义语义信息。通过 Web 技术的语义优势，可以开发测试利用 BIM 平台整合建筑遗产的语义、空间和形态维度，相关工作流可以允许用户查询语义结构

驱动的丰富的数据仓库，对建筑物进行标记管理（图 7.24），让传统 BIM 的数据空间发展到能语义感知的三维数据表示。

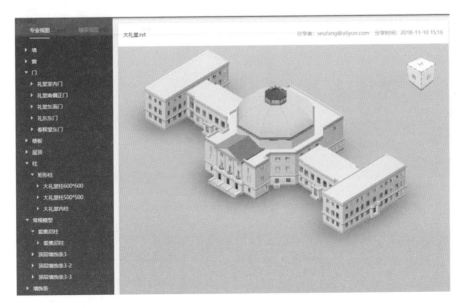

图 7.24　在 Web 页面对东南大学大礼堂 BIM 模型进行标记管理

4）集体记忆激活。Web 下的 HBIM 不仅允许对数据集感兴趣的其他学科研究人员轻松访问这些信息，也能让普通民众参与到历史遗产项目的保护中，即产生所谓集体记忆传承的激活作用，这种情景塑造能力是传统的封闭型 BIM 系统所欠缺的，HBIM＋在这个方向上提供了有力的补充（图 7.25）。

图 7.25　HBIM＋的开放架构能提高公众对历史建筑保护的参与度

事实上，在本书作者的测试中，HBIM＋允许在不同空间维度上探索历史建筑的信息表达，从细粒度的构件 DNA 级别到区域 GIS 层面的地理信息系统级别，对历史建筑信息管理架构的边界予以深度和广度上的两重突破。

图 7.26 显示了 HBIM＋环境下的构件二维码迁移，在一定程度上对建筑图片的语义鸿沟有所跨越，可以按需要检定获得构件的 BIM 语义 DNA 信息，并显示构件的三维可剖切模型，对于历史建筑研究有重要价值。

(a)点击相关构件图片，跳转显示构件的二维码

(b)手机微信扫码，显示Revit语义和三维BIM视图

图 7.26　移动端的 HBIM＋操作示意

图 7.27 则显示了课题组在基于 Cesium 开源系统的三维 GIS 平台上实现的南京下关滨江区历史建筑 BIM 数据库，通过将 BIM 数据扩展到不同区域数据空间，在城市区域空间维度下重构历史建筑的相关信息状态，实现更大尺度下的 BIM 数据聚合。

图 7.27　下关滨江区历史建筑 BIM 数据库

总之，基于交互式 Web 3D 技术的 HBIM＋架构实现了对历史建筑信息管理的开放要求，其发展前景看好；未来当数据空间结构能够对语义感知进行映射并获得三维表达的相关技术瓶颈能够进一步取得突破后，预期 HBIM＋将进入井喷式应用阶段。

附录　图片来源

图 1.4　Murphy M，Mc Govern E，et al. Historic huilding information Modelling（HBIM）[J]．Structural Survey，2009，27（4）：311-327.

图 1.5　"活化"古建的诀窍——BIM 在何东夫人医局项目的应用．http：//blog. sina. com. cn/s/blog _ 87e513090102v92t. html.

图 1.6　[BIM 案例]打破古建筑保护困局：思南路旧房改造项目．http：//sh. focus. cn/zixun/a54c3512158 a6c57. html.

图 1.7　BIM 在文化遗产保护设计的应用探索．http：//bbs. zhulong. com/106010 _ group _ 3000048/detail19208593.

图 2.1　Paul Tice. Historic building information modeling（HBIM）- A comprehensive approach to the "I" in BIM. https：//www. linkedin. com/pulse/historic - building - information - modeling - hbim - approach - paul - tice（2016 - 09 - 16）.

图 2.3　BIM 技术在历史保护建筑中的应用案例．http：//www. cnbim. com/case/2012/1022/2389. html（2012 - 10 - 22）.

图 2.4，图 2.5　王茹，孙卫新，张祥．基于 BIM 的明清古建筑建模系统实现方法 [J]．东华大学学报（自然科学版），2013，39（4）：121 - 426.

图 3.1　Khodeir，Laila M，et al. Integrating HBIM（Heritage Building Information Modeling）tools in the application of sustainable retrofitting of heritage buildings in Egypt. Procedia Environmental Sciences，2016（34）：258 - 270.

图 3.3　Murphy M，Mc Govern E，et al. Historic building information modeling - Adding intelligence to laser and image based surveys. ISPRS Trento 2011 Workshop，Trento，Italy.

图 3.4　FARO 法如中国．https：//www. faro. com/zh - cn/.

图 3.8，图 3.9　http：//www. glsbim. com/forum. php? mod＝forumdisplay&. fid＝50.

图 3.16，图 3.17　ArchiCAD. http：//blog. sina. com. cn/s/blog _ 669899850 100pide. html.

图 4.4，图 4.5　ArchiCAD 20 新功能指南．http：//tieba. baidu. com/p/502 1245851＞.

图 4.6，图 4.7　SketchUp 优秀 BIM 插件以及与 Tekla BIMsight 结合使用心得．http：//www. sublog. net/archives/50302/.

图 4.13，图 4.14　navisworks _ manage _ 2012 _ 用户手册 _ chs. https：//wenku. baidu. com/view/c1794bc68bd63186bcebbcc5. html? sxts＝1534404772419.

图 4.15　Navisworks 培训文档. https：//wenku. baidu. com/view/598984b271fe910ef02df 817. html? sxts＝1534402958802&sxts＝1534404606333.

图 5.7　Autodesk 网站. https：//info. bim360. autodesk. com/bim‐360‐docs.

图 5.8　柏慕网站. http：//www. lcbim. com/bimDaily. html.

图 5.9　易族库网站. http：//www. yizuku. com/BIMWeb/.

图 5.10，图 5.11　红瓦族库大师网站. http：//www. hwzuku. com/.

图 6.3　http：//360. mafengwo. cn/travels/info _ qq. php? id＝5341531.

图 6.10　http：//blog. sina. com. cn/s/blog _ a13721e7010123e9. html.

图 6.11　http：//360. mafengwo. cn/travels/info _ qq. php? id＝5341531.

图 6.21　http：//blog. sina. com. cn/s/blog _ 4cd69daf01009a0p. html.

图 6.26　http：//blog. sina. com. cn/s/blog _ 51ec9abf0101hegn. html.

图 6.27　http：//www. sohu. com/a/152048701 _ 466734.

图 6.28　http：//xiper. blog. 163. com/blog/static/3510738720096142574 7833/.

图 6.42　http：//jsnews. jschina. com. cn/kjwt/201801/t20180111 _ 1336085. shtml.

图 6.50　http：//www. talknj. com/batch. download. php? aid＝5687.

图 6.52　http：//news. 163. com/16/0113/07/BD6M84TO00014AED. html.

图 6.57　http：//photo. blog. sina. com. cn/showpic. html.

图 6.63　王彦辉，刘强. 金陵机器制造局旧址内近现代工业建筑遗存及其修缮再利用 [J]. 建筑与文化，2011 (9)：104‐106.

图 6.64　http：//you. ctrip. com/sight/potsdam26709/1412483‐dianping‐p2. html.

图 6.65　http：//you. ctrip. com/sight/potsdam26709/1412483‐dianping‐p2. html.

图 6.66　许碧宇. 金陵机器制造局中近代工业建筑研究 [D]. 南京：东南大学，2016.

图 6.67　http：//you. ctrip. com/sight/potsdam26709/1412483‐dianping‐p2. html.

图 6.71　http：//www. njmgjz. cn/.

图 6.81　http：//blog. sina. com. cn/s/blog _ 51d26a810102uzwp. html.

图 6.82　http：//blog. sina. com. cn/s/blog _ 3ebb6ca20101ebzh. html.

图 6.83　http：//blog. sina. com. cn/s/blog _ 3ebb6ca20101dyx1. html.

图 6.84　http：//news. 163. com/15/1015/09/B5V4OMQS00014SEH. html.

图 6.85　http：//www. sohu. com/a/216025392 _ 733055.

图 7.1，图 7.2　杜长宇. 基于 HTML5/WebGL 技术的 BIM 模型轻量化 Web 浏览解决方

案．http：//www.cnbim.com.

图 7.8，图 7.9，图 7.10，图 7.11　http：//www.bimsop.com/bimxietong/.

图 7.13　http：//xietong.bimsop.com/index? default＝1.

图 7.14　http：//www.bimsop.com/qinglianghua/.

表 6 - 1、表 6 - 5 中部分图片引用自东南大学校史图片库和南京民国建筑网（www.njmgjz.cn）及《南京民国建筑》（卢海鸣，杨新华主编，南京大学出版社，2001 年出版）

本书中除上述标明来源的图片，其余图片为作者自拍或团队成员从调研资料中收集获取。本书所转载和引用的网络资源，包括文字和图片，如有遗漏而未予注明引用来源的，请与作者联系。

参 考 文 献

[1] 刘济瑀 . 勇敢走向 BIM 2.0［M］. 北京：中国建筑工业出版社，2015.

[2] Murphy M，Mc Govern E，et al. Historic building information modelling（HBIM）［J］. Structural Survey，2009，27（4）：311 - 327.

[3] 吴葱，李珂，李舒静，等 . 从数字化到信息化：信息技术在建筑遗产领域的应用刍议［J］. 中国文化遗产，2016（2）：31 - 33.

[4] Paul Tice. Historic building information modeling（HBIM）- A comprehensive approach to the "I" in BIM［EB/OL］.（2016 - 09 - 16）［2018 - 11 - 04］. https：//www. linkedin. com/pulse/historic - building - information - modeling - hbim - approach - paul - tice.

[5] isBIM 中国 . "活化"古建的诀窍：BIM 在何东夫人医局项目的应用［EB/OL］.（2014 - 10 - 23）［2018 - 11 - 04］. http：//blog. sina. com. cn/s/blog_87e513090102v92t . html.

[6] 吕芳 . 打破古建筑保护困局：思南路旧房改造项目［EB/OL］.（2016 - 09 - 12）［2018 - 10 - 08］. https：//sh. focus. cn/zixun/a54c3512158a6c57. html.

[7] 杨绪波，陈鹏举 . BIM 在文化遗产保护设计的应用探索［EB/OL］.（2015 - 10 - 27）［2018 - 07 - 08］. https：//www. uibim. com/21616. html.

[8] 王茹，孙卫新，徐东东 . 明清古建筑信息模型设计平台研究［J］. 图学学报，2013，34（4）：76 - 82.

[9] 王茹，张祥，韩婷婷 . 基于 BIM 的古建筑构件信息的标准化及量化提取研究［J］. 土木建筑工程信息技术，2014，6（1）：25 - 28.

[10] 王茹，孙卫新，张祥 . 明清古建筑构件参数化信息模型实现技术研究［J］. 西安建筑科技大学学报（自然科学版），2013，45（4）：479 - 486.

[11] 王茹，孙卫新，张祥 . 基于 BIM 的明清古建筑建模系统实现方法［J］. 东华大学学报（自然科学版），2013，39（4）：121 - 426.

[12] 狄雅静，吴葱 . 基于中国建筑遗产全生命周期管理的 BIM 技术开发研究［EB/OL］.（2011 - 06 - 29）［2018 - 10 - 04］. http：//www. docin. com/p - 855307926. html.

[13] 陈亦文，童乔慧 . 基于建筑信息模型技术的历史建筑保护研究［J］. 中外建筑，2013（10）：90 - 93.

[14] Khodeir，Laila M，et al. Integrating HBIM（Heritage Building Information Modeling）tools in the application of sustainable retrofitting of heritage buildings in Egypt［J］. Procedia

Environmental Sciences，2016（34）：258-270.

［15］天宝网站，http：//www.chinadbo.com/.

［16］上海市房地产科学研究院.上海历史建筑修缮保护技术［M］.北京：中国建筑工业出版社，2011.

［17］冯文元，冯志华.建筑结构检测与鉴定实用手册［M］.北京：中国建材工业出版社，2007.

［18］《建筑抗震鉴定标准》编制组.全国中小学校舍抗震鉴定与加固示例［M］.北京：中国建筑工业出版社，2010.

［19］张龙，方立新.关于历史建筑结构检测鉴定的若干思考［C］// 李小军.中国建筑史学会年会暨学术研讨会论文集.广州：广州工业大学出版社，2015：758-762.

［20］中国建筑标准设计研究院.砖混结构加固与修复图集（15G611）［M］.北京：中国计划出版社，2015.

［21］马骁.BIM设计项目样板设置指南［M］.北京：中国建筑工业出版社，2015.

［22］冯彬.在ArchiCAD中进行改扩建［EB/OL］.（2011-02-25）［2018-07-12］.http：//blog.sina.com.cn/s/blog_669899850100pide.html.

［23］Cqadi.BIM应用：IFC数据标准［EB/OL］.（2015-06-17）［2018-07-15］.http：//blog.sina.com.cn/s/blog_b64dd2c40102vnxy.html.

［24］BIM STUDIO.ArchiCAD 20新功能指南［EB/OL］.（2017-02-11）［2018-07-15］.http：//tieba.baidu.com/p/5021245851.

［25］Arc.泰国BIM团队的BIM-SketchUp之旅［EB/OL］.（2013-09-24）［2018-07-15］.http：//www.sublog.net/archives/47637.

［26］品成BIMTRANS.SketchUp的BIM实践：福州国际金融中心（IFC）［EB/OL］.（2014-12-05）［2018-12-03］.http：//www.cnbim.com/case/2014/0601/2711.html.

［27］Arc.SketchUp优秀BIM插件以及与Tekla BIMsight结合使用心得［EB/OL］.（2015-08-16）［2018-07-15］.http：//www.sublog.net/archives/50302/.

［28］Trimble.Vico Office白皮书［EB/OL］.（2014-05-19）［2018-08-13］.https：//gc.trimble.com/product-categories/bim-solutions.

［29］余雯婷，李希胜.基于BIM-COBie技术的建筑设施信息化管理［J］.土木工程与管理学报，2017，34（1）：129-132.

［30］皮特·罗德里奇，保罗·伍迪，等.Autodesk Navisworks 2017基础应用教程［M］.郭淑婷，译.北京：机械工业出版社，2017.

［31］黄亚斌，徐钦，杨容，等.Autodesk Revit族详解［M］.北京：中国水利水电出版

社，2013.

[32] 平经纬. Revit 族设计手册［M］. 北京：机械工业出版社，2016.

[33] 欧特克软件（中国）有限公司构件开发组. Autodesk Revit 2013 族达人速成［M］. 上海：同济大学出版社，2013.

[34] 佚名. 鸿业族立得 Revit 族文件制作规范［EB/OL］.（2016 - 03 - 23）［2018 - 11 - 04］. https：//wenku. baidu. com/ view/1d70d534a76e58fafab003b7. ht ml.

[35] 金陵图书馆. 南京民国建筑网（南京民国建筑专辑）［EB/OL］.（2015 - 04 - 27）［2018 - 10 - 07］. http：//www. jllib. cn/zyf/dfwx/.

[36] 卢海鸣，杨新华. 南京民国建筑［M］. 南京：南京大学出版社，2001.

[37] 张颖，方立新，孙逊. 历史建筑修缮 BIM 模型中异形柱的包钢加固族创建研究［J］. 生态城市与绿色建筑，2016（4）：62 - 63.

[38] 方立新，丁晓丽，孙逊. 盔头巷 8 号民国建筑修缮及其建筑信息模型分析［J］. 工程建设，2016，48（5）：29 - 32.

[39] Rebekka Volk, Julian Stengel, et al. Building information modeling（BIM）for existing buildings‐Literature review and future needs［J］. Automation in Construction，2013（38）：109 - 127.

[40] 杜长宇. 基于 HTML5/WebGL 技术的 BIM 模型轻量化 Web 浏览解决方案［EB/OL］.（2017 - 06 - 3）［2018 - 10 - 23］. https：//www. cnbim. com.

[41] 马宁，寿劲秋. 集体记忆推动下香港历史建筑活化的启示研究［J］. 华中建筑，2015，33（12）：35 - 40.

[42] 峻祁连. Autodesk View and Data API 二次开发学习指南［EB/OL］.（2017 - 08 - 16）［2018 - 10 - 04］. https：//www. cnblogs. com/junqilian /p/4377704. html.

[43] 杜长宇. BIMSOP 毕加索协同平台［EB/OL］.（2018 - 03 - 21）［2018 - 11 - 04］. http：// xietong. bimsop. com/index？ default＝1.

后　记

当前，HBIM 正处于探索疆界的阶段，随着 BIM 技术的发展，未来其应用会非常广泛，有着巨大的成长空间。当前的实践也在不断测试 HBIM 的能与不能，验证它的边界与弹性。

HBIM 不能简单理解为信息的图像投影加上真实材性的相关数据库，它需要真正打通 BIM 的常规信息粒度到广义知识层面的鸿沟。虽然 BIM 的构件属性能以语义呈现，但这是远远不够的，未来的 HBIM 一定是沿着 Web 模态下的 HBIM＋路线拓展，形成 BIM 模型和图文档案的知识归类闭环。这个数据平台上，构件能直接映射到知识，而非仅仅关联到 BIM 的信息层面，因此不再是孤立的 BIM 模型的陈列。

在 HBIM 的发展进程中，当前的技术掣肘还是明显存在的。以 WebGL 为例，无论是 Autodesk Forge 还是国内的相关平台，其实都没到能充分支撑业务需求的层面，国内平台的稳定性距离实用也有差距，技术升级较频繁，往往造成存在其云上的模型库的模型路径变化，从而导致 Web 上集成该模型的网站所嵌入的 iFrame 框架无法显示，导致相关 BIM 模型无法浏览。例如，本书第 7 章中的网站模型有过若干次失效，较近的一次失效原因为相关云端模型库被平台调整为聚合模型的模式，这种模式下的模型存放路径在前台提取和辨识上都造成了问题，导致原先已调试成功的 HBIM＋嵌入网站模型无法继续被浏览，需要反复修正重构。本书的写作过程中，类似的情况遇到多次，这也正反映了当前 HBIM 技术强烈的实验性特征。

本书是作者对历史建筑领域 HBIM 应用的一些粗浅思考和初步总结，由于涉及多学科的交叉，撰写过程中参考了大量相关领域专家的研究成果，在此向相关作者表示感谢！作者在写作中得到了诸多同事的关心和鼓励，尤其需要提到的是，作者从所参与的东南大学建筑设计院塑构工作室和周琦工作室的修缮设计项目中获取了丰富的工作资料，在此特别向孙逊总工和周琦老师致以深深的谢意！未来笔者会对相关资料做进一步的挖掘整理，以便更系统地总结相关设计和研究成果。

　　限于作者水平和时间、精力，书中难免存在一些疏漏和不足之处未能发现，敬请各位读者指正。

方立新　于南京四牌楼

2018 年 12 月 25 日